"中国森林生态系统连续观测与清查及绿色核算"系列丛书

王　兵　主编

陕西省森林与湿地
生态系统治污减霾功能研究

王　兵　党景中　王华青
徐育林　牛　香　黄龙生　等　著

中国林业出版社

图书在版编目(CIP)数据

陕西省森林与湿地生态系统治污减霾功能研究 / 王兵等著.
-- 北京 : 中国林业出版社, 2017.12
(中国森林生态系统连续观测与清查及绿色核算系列丛书)
ISBN 978-7-5038-8673-7

Ⅰ.①陕… Ⅱ.①王… Ⅲ.①森林生态系统－关系－空气污染－污染防治－研究－陕西②沼泽化地－生态系统－关系－空气污染－污染防治－研究－陕西
Ⅳ.①S718.55②P942.521.78③X51

中国版本图书馆CIP数据核字(2017)第319082号

中国林业出版社·科技出版分社
策划、责任编辑： 于界芬　于晓文

出版发行	中国林业出版社	
	(100009 北京西城区德内大街刘海胡同 7 号)	
网　　址	www.lycb.forestry.gov.cn	
电　　话	(010) 83143542	
印　　刷	固安县京平诚乾印刷有限公司	
版　　次	2018 年 1 月第 1 版	
印　　次	2018 年 1 月第 1 次	
开　　本	889mm×1194mm　1/16	
印　　张	10	
字　　数	230 千字	
定　　价	96.00 元	

《陕西省森林与湿地生态系统治污减霾功能研究》
著 者 名 单

项目完成单位：

中国林业科学研究院森林生态环境与保护研究所

中国森林生态系统定位观测研究网络（CFERN）

项目组织单位：

陕西省林业厅

陕西省林业调查规划院

项目首席科学家：

王 兵 中国林业科学研究院

项目参与人员：

王 兵	党景中	王华青	徐育林	牛 香	邓金苗	呼延洋
宋庆丰	陶玉柱	黄龙生	刘祖英	魏文俊	王 慧	高志强
刘胜涛	高瑶瑶	师贺雄	张维康	房瑶瑶	李少宁	姜 艳
郭 慧	王 丹	丁访军	潘勇军	陈 波	鲁绍伟	丛日征
王学文	邢聪聪	高 鹏	王雪松	周 梅	魏江生	蔡体久
盛后财	管清成	徐丽娜	董玲玲	李明文	任 军	王立中
尤文忠	高翔伟	戴咏梅	刘春江	韩玉洁	殷 杉	刘 斌
刘 磊	张金旺	张玉龙	李 琦	郭文霞	厉月桥	罗嘉东
孙建军	杨石浪	何 平	陈和忠	罗志伟		

◀ 特 别 提 示 ▶

1. 本研究依据陕西省森林生态系统治污减霾连续观测与清查体系（简称：森林治污减霾连清体系），对陕西省森林生态系统治污减霾功能进行评估，范围包括安康市、商洛市、汉中市、榆林市、延安市、西安市、宝鸡市、咸阳市、铜川市、渭南市。

2. 依据中华人民共和国林业行业标准《森林生态系统服务功能评估规范》(LY/T1721—2008)针对市级区域和优势树种(组)分别开展陕西省森林生态系统治污减霾功能评估；评估指标包含：固碳释氧、净化大气环境2类9项指标，并首次将陕西省森林植被滞纳TSP、PM_{10}、$PM_{2.5}$指标进行单独评估。

3. 本研究所采用的数据源包括：①陕西省森林治污减霾生态连清数据主要来源于陕西省及周边省份的5个森林生态站和辅助观测点的长期监测数据；②陕西省森林资源连清数据来源于第九次全国森林资源连续清查中陕西省数据和第八次全国森林资源连续清查中陕西省数据及其对应的森林资源二类调查数据；③价格参数来源于社会公共数据集，根据贴现率将非评估年份价格参数转换为2015年现价。

4. 本研究中提及的滞尘量是指森林生态系统潜在饱和滞尘量，是基于模拟实验的结果，核算的是林木的最大滞尘量。

5. 本研究第三章，基于第九次全国森林资源连续清查中陕西省数据，评估了全省森林生态系统治污减霾功能的物质量和价值量；第五章，基于陕西省第二次湿地资源调查数据，评估了全省湿地生态系统治污减霾功能的物质量和价值量。

6. 在价值量评估过程中，由物质量转价值量时，部分价格参数并非评估年价格参数，因此引入贴现率将非评估年价格参数换算为评估年份价格参数以计算各项功能价值量的现价。

凡是不符合上述条件的其他研究结果均不宜与本研究结果简单类比。

前 言

空气是生物赖以生存的基本条件。大气污染是影响经济发展与人民生活和健康最直接、最严重的环境问题。随着工业化迅速发展，城市空气污染问题愈来愈突出，社会经济的快速发展带来了经济的繁荣和人民生活水平的提高，同时也使工业烟尘、汽车尾气等生物燃料燃烧产生的有害物质随之增高，这些有害物质对人体健康具有直接的负面影响。目前，治污减霾已成为中国政府和民众长期关心的一个焦点话题。

党的十九大报告中，习近平总书记明确提出，建设生态文明是中华民族永续发展的千年大计，必须坚持节约优先、保护优先、自然恢复为主的方针，牢固树立社会主义生态文明观，推动形成人与自然和谐发展现代化建设新格局。必须树立和践行绿水青山就是金山银山的理念，坚持节约资源和保护环境的基本国策，像对待生命一样对待生态环境，统筹山水林田湖草系统治理，实行最严格的生态环境保护制度，形成绿色发展方式和生活方式，坚定走生产发展、生活富裕、生态良好的文明发展道路，建设美丽中国，为人民创造良好生产生活环境，为全球生态安全作出贡献。

习近平总书记曾指出："我们要认识到，山水林田湖是一个生命共同体，人的命脉在田，田的命脉在水，水的命脉在山，山的命脉在土，土的命脉在树"。森林对维持生态平衡具有不可替代的作用，特别是在调节小气候，清除污染物方面的作用更为明显，增加森林面积，提高森林质量，有助于提高森林生态系统的治污减霾功能。

2013年10月，国家卫生和计划生育委员会印发《2013年空气污染（雾霾）健康影响监测工作方案》提出，将通过3~5年，建立覆盖全国的空气污染（雾霾）健康影响监测网络，掌握不同地区$PM_{2.5}$污染特征及成分差异，了解不同地区空气污染对健康的影响状况。

2014年，中央政治局常委、全国政协主席俞正声代表政协常委会作政协工作报告。报告首次提到加强雾霾治理，要科学制定2020~2050年低碳发展路线图，强化区域联防联控和源头治理，切实加强以雾霾治理为重点的大气污染防治。2013年，国务院印发《大气污染防治行动计划》（国发〔2013〕37号）提出，到2017年全国地级以上城市可吸入颗粒物浓度要比 2012 年下降 10% 以上。陕西省政府积极行动,印发《陕西省"治污降霾·保卫蓝天"行动计划(2013 年)》,提出陕西省将"用猛药""用重典""出重拳",以关中城市大气质量改善为突破口,带动全省各市(区)城市环境空气质量改善。陕西省林业厅于 2013 年出台《陕西关中城市群治污减霾林业三年行动方案》,为治污减霾开出"清肺、强肾、治癌"三剂药方,并明确具体建设目标。2014 年,陕西省人民政府印发了《"治污降霾·保卫蓝天"2014 年工作方案》,进一步明确了陕西省大气污染防治工作的主要目标和具体任务,全面推进"减煤、控车、抑尘、治源、禁燃、增绿"六个环节并取得突破。这是全国首次把发挥林业作用列入治污减霾措施。并在 2014 年,聘请中国林业科学研究院专家对陕西关中地区林业治污减霾工作做出评估,进一步明确了阶段性林业治污减霾目标,陕西省走在了中国治污减霾工作的前列。

2015 年 2 月,习近平总书记在陕西视察时曾指出,"陕西生态环境保护,不仅关系自身发展质量和可持续发展,而且关系全国生态环境大格局"。近年来,陕西省紧紧抓住山、河、江、坡综合治理,围绕"山清、水净、坡绿"的目标,用系统化思维推进生态环境保护,不仅让三秦大地的山更绿、水更清、天更蓝,也为国家生态环境安全和南水北调工程作出了重要贡献。

2016 年 6 月 22 日,习近平主席在乌兹别克斯坦最高会议立法院演讲时强调,要"着力深化环保合作,践行绿色发展理念,加大生态环境保护力度,携手打造'绿色丝绸之路'"。2017 年 5 月 14 日,习近平主席在"一带一路"国际合作高峰论坛开幕式上发表主旨演讲,提出要"践行绿色发展的新理念,倡导绿色、低碳、循环、可持续的生产生活方式,加强生态环保合作,建设生态文明,共同实现 2030 年可持续发展目标",陕西省作为丝绸之路经济带的起点,定位与环境保护,对营建绿色良好丝绸之路意义重大。

2016 年,《陕西省林业发展"十三五"规划》中确定了按照"关中大地园林化、陕北高原大绿化、陕南山地森林化"和山水林田湖生命共同体的总体要求,进一步优化配置林业生产力布局,确定了"一圈、两屏、三带、多廊多点"的全省林业生态新格局。"一圈"为丝绸之路关中都市生态协同圈,"两屏"为黄桥林区生态安全屏障和秦巴林区生态安全屏障,"三带"为长城沿线生态修复带、黄土高原丘陵沟壑生态修复带和汉丹江生态修复带,"多廊多点"是以全省主要国道、省道、高速公路、铁路、河流水系两侧生态系统为生态走廊带，以城市、村镇生态系统为生态节点，是全省生态系统的重要组成部分，也是身边增绿的主战场，这对下一步提高林业治污减霾能力具有重要意义。

为了充分了解陕西省现有森林和湿地生态系统在治污减霾工作中发挥的作用，本研究以陕西省林业厅和陕西省林业调查规划院提供的陕西省森林资源数据为基础，依托陕西省内的中国森林生态系统定位观测研究网络（CFERN）秦岭森林生态站、黄龙山森林生态站以及位于湖北省的大巴山生态站、甘肃省小陇山森林生态站、山西吉县森林生态站和多个辅助观测点多年连续观测的数据、国家及陕西省权威部门发布的公共数据集，按照中华人民共和国林业行业标准《森林生态系统服务功能评估规范》（LY/T 1721–2008），采用分布式测算方法，从物质量和价值量两个方面对陕西省森林生态系统潜在的治污减霾功能进行了评估。

本研究对陕西省森林和湿地生态系统净化大气环境和固碳释氧2项功能9项指标进行评估，评估结果表明，陕西省森林生态系统治污减霾功能中，滞纳大气颗粒物TSP、PM_{10}、$PM_{2.5}$分别为13710.21万吨／年、27.07万吨／年、8.42万吨／年，提供负离子总量为10266.88×10^{22}个／年，吸收二氧化硫、氟化物和氮氧化物分别为106.76万吨／年、3.72万吨／年、5.95万吨／年，固碳量和释氧量分别为1333.04万吨／年和2912.58万吨／年。陕西省森林生态系统治污减霾功能总价值量为4592.93亿元／年，其中滞纳颗粒物、提供负离子、吸收污染物、固碳、释氧功能价值量分别为4045.94亿元／年、5.29亿元／年、13.74亿元／年、122.26亿元／年、405.70亿元／年。陕西省湿地生态系统治污减霾功能评估结果显示：现存湿地清除大气颗粒物的总物质量为39.43万吨／年，固碳、释氧量分别为5.45万吨／年、14.56万吨／年。湿地生态系统治污减霾总价值量为799.24亿元／年，其中清除大气颗粒物、降解污染物、固碳、释氧的价值量分别为716.76亿元／年、79.95亿元／年、0.50亿元／年和2.03亿元／年，治污减霾功能显著。陕西省森林与湿地生态系统治污减霾功能价值量（5392.17亿元）相当于2015年陕西省GDP（18171.86亿元）的29.67%。

2016年，关中地区森林治污减霾功能同2014年一期治污减霾功能评估相比较有不同程度的变化，由于造林工程的成功实施，森林面积增加和质量的提高，关中地区现存森林资源单位面积滞纳大气颗粒物量，提供负离子量以及吸收二氧化硫、氟化物、氮氧化物等污染物的总量上相较于2014年呈现出增加趋势。由于价值量测算方法科学性、准确性和合理性的进一步提升，本次评估增加了森林滞纳 $PM_{2.5}$ 和 PM_{10} 价值测算方法，相比较物质量而言提升更为明显，其中仅滞纳 $PM_{2.5}$ 和 PM_{10} 价值就达到 859.21 亿元／年。

陕西省森林与湿地生态系统治污减霾生态连清研究涉及多个学科，评估过程极为复杂，可能存在不尽完善和需要改进的地方，在此，敬请广大读者提出宝贵意见，以便在今后的工作中及时改进。

著　者
2017 年 9 月

目　录

第六章　陕西省森林生态系统治污减霾功能综合影响分析

第一章
陕西省森林生态系统治污减霾
连续观测与清查技术体系

陕西省森林生态系统治污减霾连清体系（图1-1）是以生态地理区划为单位，以陕西省现有森林生态站及其辅助观测点为依托，采用长期定位观测技术和分布式测算方法，定期对同一森林生态系统的治污减霾功能指标进行重复的观测与清查，用以评价一定时期内森林的治污减霾功能。陕西省治污减霾生态连清数据与陕西省林业厅和陕西省林业调查规划院开展的林业资源调查数据耦合，评估一定时期内森林治污减霾功能，进一步了解森林治污减霾功能的动态变化，为林业管理部门的决策提供科学依据。

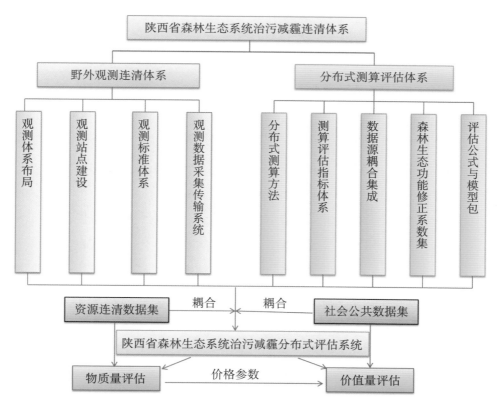

图 1-1　陕西省森林生态系统治污减霾连清体系框架

第一节 野外观测体系

一、陕西省森林生态系统治污减霾功能评估监测站布局与建设

野外观测技术体系是构建陕西省森林生态系统治污减霾生态连清体系的重要基础，为了做好这一基础工作，需要考虑如何构架观测体系布局。国家森林生态站与陕西省内各类林业监测点作为陕西省森林生态系统治污减霾监测的两大平台，在建设时坚持"统一规划、统一布局、统一建设、统一规范、统一标准，资源整合，数据共享"原则（王兵，2015）。

陕西省森林生态系统治污减霾监测站点的建设要根据陕西省区域特点，综合考虑陕西省不同地区生态区位、生产力级数、非木材林业资源及地貌类型、植被类型以及社会性指标的差异性和社会发展对林业建设需求的差异性以及对林业的依赖程度等，选择代表该区域的主要优势树种组，且能表征土壤、大气等特征，交通、水电条件便利的典型植被区。

> 社会性指标：指反映社会现象的数量、质量、类别、状态、等级、程度等特性的项目。如人口密度，GDP，一、二、三产业结构，土地利用现状及农、林、牧用地比例等。

首先，以陕西省地形地貌为基础，由北向南可分为陕北高原、关中盆地和陕南秦巴山地三大地貌区。结合陕西省 10 个市级行政区的经济、社会的实际情况，将陕西省划分为 3 个生态大区，即陕北毛乌素沙地与黄土丘陵沟壑生态区（榆林市、延安市）、中部关中平原生态区（西安市、宝鸡市、咸阳市、渭南市、铜川市）、陕南秦巴山地生态区（汉中市、安康市、商洛市）。受地理位置和气候影响，陕西省森林主要分布在秦岭、巴山、黄龙、桥山、关山五大林区。陕南秦巴地区雨热充沛，适宜林木生长繁殖，森林分布集中，森林资源丰富，多以天然林为主，林木生产力较高，区域生态重要性高，充分发挥固碳释氧和保护生态环境的功能；陕北黄桥林区是陕西黄土高原上森林植被保存较好地区，生态重要性高，由于水热条件制约，生态环境相对脆弱；关中平原地区人口稠密，城镇集中，经济条件优越，以经济林、风景林为主，该区域森林生态系统主要以环境保护功能，绿化美化环境保护为主体功能。

其次，综合考虑陕西省林业发展区划。陕西省林业发展区划根据全国林业发展区划，采用三级分区体系（表1-1）。一级区反映对林业发展起控制作用的自然地理条件；二级区反映林业主导功能；三级区统筹谋划林业生产力布局，调整完善林业发展政策和经营措施。

表1-1　陕西省林业发展区划三级分区

一级区	二级区	三级区
III.华北暖温带落叶阔叶林保护发展区	III.04晋陕黄土高原防护经济林区	III.04-01陕北黄土丘陵沟壑水土保持果树林区
		III.04-02黄龙山桥山水源涵养一般用材林区
		III.04-03渭北黄土高原水土保持果树林区
	III.05汾河谷地经济防护林区	III.05-01关中平原区绿化果树林区
		III.05-02秦岭北坡关山水源涵养风景林区
IV.南方亚热带常绿阔叶林、针阔混交林重点开发区	IV.01秦巴山地特用防护林区	IV.01-01秦岭南坡中西部高山生物多样性保护水源涵养林区
		IV.01-02秦岭南坡东部水源涵养果树林区
		IV.01-03秦巴低山丘陵水源涵养一般用材林区
		IV.01-04汉中盆地绿化护岸林区
		IV.01-05巴山中山水源涵养林区
VIII.蒙宁青森林草原治理区	VIII.06鄂尔多斯高原防护经济林区	VIII.06-01陕北毛乌素沙地南部防风固沙水土保持林区

一级区以≥10℃的日数、≥10℃积温、极端低温、降雨量、地貌类型为区划指标，以国家为主体，自上而下、专家集成与模型定量相结合进行划分，全国共划分了10个一级区，陕西省涉及3个一级区，即III华北暖温带落叶阔叶林保护发展区，IV南方亚热带常绿阔叶林、针阔混交林重点开发，VIII蒙宁青森林草原治理区。

一级区：为自然条件区，旨在反映对我国林业发展起到宏观控制作用的水热因子的地域分异规律，同时考虑地貌格局的影响。通过对制约林业发展的自然、地理条件和林业发展现状进行综合分析，明确不同区域今后林业发展的主体对象，如乔木林、灌木林、荒漠植被；或者林业发展的战略方向，如：开发、保护、重点治理等。

4

二级区以生态需求、土壤类型、植被类型、地貌特征、人口密度为区划指标，国家为主体，地方参与进行划分。全国共划分为 62 个二级区。陕西省共涉及 4 个二级区，即：晋陕黄土高原防护经济林区、汾河谷地经济防护林区、秦巴山地特用防护林区、鄂尔多斯高原防护经济林区。

> **二级区**：为主导功能区，以区域生态需求、限制性自然条件和社会经济对林业发展的根本要求为依据，旨在反映不同区域林业主导功能类型的差异，体现森林功能的客观格局。

三级区：以生态区位、生产力级数、非木材林业资源及地貌类型、植被类型等为划分依据，陕西省共划分 11 个三级区，以陕北毛乌素沙地南部防风固沙水土保持林区为例，其属于风沙滩地，丘壑沟岭地貌，以干草原为主，土壤侵蚀模数 500 ~ 2000 吨 /（平方千米·年），生态重要性强，生态敏感性脆弱，现实生产力级数 4 ~ 6，期望生产力级数 5 ~ 7，非林木林业资源以经济林果为主。

> **三级区**：为布局区，包括林业生态功能布局和生产力布局。旨在反映不同区域林业生态产品、物质产品和生态文化产品生产力的差异性，并实现林业生态功能和生产力的区域落实。

最后，结合现有森林生态系统定位观测研究站及辅助观测点，对本次治污减霾功能监测进行布局，目前在陕西省境内主要有位于黄土高原丘陵沟壑水土保持重点生态功能区的黄龙山生态系统定位观测研究站，该生态站可以覆盖Ⅲ.04 晋陕黄土高原防护经济林区及其所属 3 个三级林业区，涵盖部分Ⅷ.06 鄂尔多斯高原防护经济林区；秦巴生物多样性重点生态功能区的秦岭森林生态系统定位观测研究站可以覆盖Ⅳ.01 秦巴山地特用防护林区及其所属 5 个三级区和Ⅲ.05 汾河谷地经济防护林区，满足覆盖地区森林生态系统治污减霾功能相关参数的监测。

其他未能涵盖部分则需要借助陕西省及周边省份现有森林生态站以及辅助观测点。这些森林生态站主要位于临近省份（山西吉县森林生态站、甘肃小陇山森林生态站、湖北大巴山森林生态站）。陕西省内的辅助监测点包括：①退耕还林生态效益监测点，位于陕西省宁陕县、蓝田县和吴起县，主要监测内容包括水土保持、固碳释氧等；②陕西省环境监测点，位于各个市内主要社区街道，如：西安市长安区监测点，主要监测内容包括空气颗粒物和空气污染物；③陕西省林业厅设立的陕西省森林资源清查固定样地，每个样地面积0.08公顷，重点监测生物资源变化；④其他长期固定试验点，如西北农林科技大学火地塘实验基地（安康市宁陕县）等。

　　借助上述森林生态站以及辅助监测点，并且辅以野外实地采样观测，以满足陕西省森林生态系统治污减霾监测和科学研究要求。随着政府对生态环境形势认识的不断提高，必将建立起陕西省森林生态系统监测的完备体系，为科学、全面评估陕西省林业建设成效奠定基础。各森林生态系统服务监测站点的作用长期稳定的发挥，必将为健全和完善国家生态监测网络，特别是构建完备的林业及其生态建设监测评估体系作出重大贡献。陕西省森林生态系统治污减霾功能监测站点分布如图1-2所示。调查地点信息见表1-2。

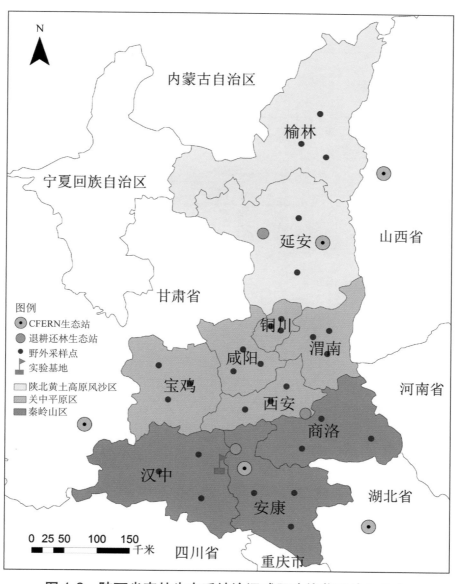

图1-2　陕西省森林生态系统治污减霾功能监测站点分布

表1-2　陕西省森林生态系统治污减霾功能监测调查地点信息

	城市	调查地点	经纬度
秦岭山区	汉中市	A汉台区	107°4′25″E，33°15′29″N
		B西乡县	107°43′24″E，32°58′25″N
		C勉县	106°38′41″E，32°3′56″N
	安康市	A汉滨区	109°2′12″E，32°66′7″N
		B岚皋县	108°52′12″E，32°15′36″N
		C平利县	109°24′48″E，32°22′39″N
	商洛市	A商州区	109°32′24″E，33°46′12″N
		B洛南县	110°10′36E，34°4′45″N
		C丹凤县	110°22′29″E，33°41′10″N
黄土高原风沙区	榆林市	A榆阳区	109°55′12″E，38°26′24″N
		B神木县	109°48′36″E，37°43′11″N
		C米脂县	110°18′36″E，36°51′36″N
	延安市	A安塞县	108°19′48″E，36°51′36″N
		B黄陵县	109°16′48″E，35°34′48″N
		C洛川县	109°26′44″E，35°44′53″N
关中平原区	西安市	A未央区	108°50′32″E，34°24′5″N
		B雁塔区	109°0′17″E，34°21′39″N
		C长安区	108°20′9″E，33°47′29″N
	宝鸡市	A太白县	107°38′26″E，34°6′16″N
		B陇县	106°54′4″E，34°52′9″N
		C千阳县	107°8′53″E，33°37′55″N
	渭南市	A临渭区	109°35′28″E，34°25′22″N
		B潼关县	110°11′08″E，34°23′30″N
		C合阳县	110°8′41″E，35°12′38″N
	咸阳市	A乾县	108°02′13″E，34°29′36″N
		B泾阳县	108°29′40″E，34°26′37″N
		C淳化县	108°18′26″E，34°56′27″N
	铜川市	A印台区	108°52′09″E，35°20′48″N
		B宜君县	108°56′37″E，35°27′34″N
		C耀州区	108°34′27″E，35°17′34″N

二、陕西省森林生态系统治污减霾观测评估标准体系

（一）观测标准体系

陕西省森林治污减霾评估所依据的标准体系包括从森林生态系统定位研究站站点建设到观测指标、观测方法、数据管理乃至数据应用各个阶段的标准如图1-3。陕西省森林生态系统服务监测站点建设、观测指标、观测方法、数据管理及数据应用的标准化保证了不同

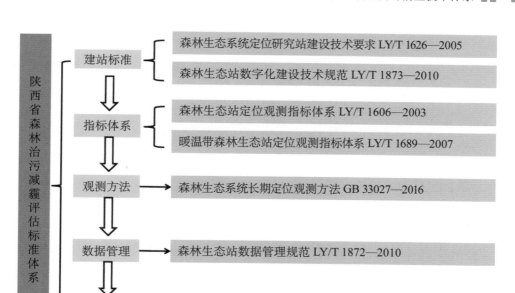

图 1-3　陕西省森林治污减霾评估标准体系

站点所提供陕西省森林生态连清数据的准确性和可比性，为陕西省森林治污减霾功能评估的顺利进行提供了保障。

（二）野外样品采集与室内试验分析

根据 2015 年陕西省林业厅资源数据：选择 10 个市林地的典型林分，每个林分设置 3 个样地进行调查。调查内容主要包括：树种组成、林分密度、树高、叶面积指数、林分负离子浓度等。每个样地选择 3 株标准木，每株标准木按照东、西、南、北 4 个方向的上、中、下 3 个冠层高度采集叶片，阔叶每个冠层高度的每个方向分别采集 3 ~ 5 片叶片，针叶每个冠层高度的每个方向采集 3 ~ 5 簇叶片。叶片采集后尽快带回实验室分析。

通过室内样品分析，获得陕西省主要造林树种叶片滞纳颗粒物的饱和值以及颗粒物的粒径分布特征，用于评估陕西省森林对不同粒径颗粒物的滞纳功能。

饱和滞纳量：指的是单位叶面积吸滞空气颗粒物质量达到最大值时的临界值。

现实滞纳量：指的是测量时，单位叶面积吸滞空气颗粒物质量的实时值。

取叶片样品，分别放入气溶胶再发生器密闭箱体内，利用风蚀原理，将叶片上附着的颗粒物重新吹起、混匀，再次形成气溶胶，通过英国 Turkey 公司生产的 Dustmate 粉尘颗粒物检测仪检测密室中颗粒物浓度的变化来获得叶片表面附着的颗粒物（TSP、PM_{10} 和 $PM_{2.5}$）质量。用扫描仪 Canon LIDE 110 对叶片进行扫描，然后使用 Adobe Photoshop 软件对图像进行处理，并计算叶片面积。单位面积叶片上滞纳颗粒物的质量为实测叶片颗粒物质量与叶表面积的比值。

第二节　分布式测算评估体系

一、分布式测算方法

分布式测算源于计算机科学，研究如何把一项整体复杂的问题分割成相对独立运算的单元，并将这些单元分配给多个计算机进行处理，最后将计算结果综合起来，统一合并得出结论。

陕西省森林治污减霾功能评估是一项庞大、复杂的系统工程，适合划分成多个均质化的生态测算单元开展评估。因此，分布式测算方法是陕西省治污减霾功能评估较为科学有效的方法。并且通过全国森林生态系统服务功能评估、退耕还林工程以及天然林保护工程的生态效益评估，已经证实分布式测算方法能够保证结果的准确性及可靠性（牛香，2012a）。本研究对陕西省森林资源的治污减霾功能进行评估，其分布式测算方法如图 1-4。

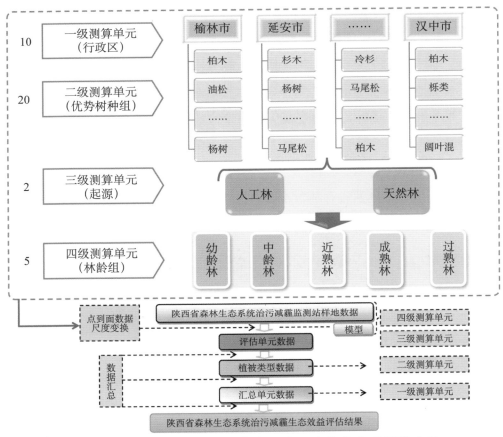

图 1-4　陕西省森林生态系统治污减霾功能分布式测算方法

根据陕西省森林资源数据，各优势树种（组）在陕西省各市（区）的分布不同，具体分布状况见表1-3。为了方便计算，本评估将部分优势树种（组）进行了合并处理。

表1-3　陕西省各地级市优势树种（组）的分布状况

地级市	优势树种（组）
汉中	冷杉、铁杉、落叶松、油松、华山松、马尾松、杉木、柏类、栎类、桦类、榆树、枫香、杨树、其他硬阔类、其他软阔类、针叶混、阔叶混、针阔混、经济林、灌木林
安康	冷杉、云杉、铁杉、油松、华山松、马尾松、杉木、柏类、栎类、桦类、杨树、其他硬阔类、其他软阔类、针叶混、阔叶混、针阔混、经济林、灌木林
商洛	油松、华山松、马尾松、柏类、栎类、桦类、其他硬阔类、杨树、其他软阔类、针叶混、阔叶混、针阔混、经济林、灌木林
榆林	樟子松、油松、柏类、榆树、其他硬阔类、杨树、经济林、灌木林
延安	油松、其他松类、柏类、栎类、桦类、榆树、其他硬阔类、杨树、其他软阔类、针叶混、阔叶混、针阔混、经济林、灌木林
西安	冷杉、油松、华山松、栎类、桦类、榆树、杨树、其他硬阔类、椴树、其他软阔类、阔叶混、针阔混、经济林、灌木林
渭南	油松、其他松类、柏类、栎类、桦类、榆树、杨树、其他硬阔类、阔叶混、针阔混、经济林、灌木林
宝鸡	冷杉、云杉、油松、华山松、杉木、柏类、栎类、桦类、杨树、其他硬阔类、其他软阔类、针叶混、阔叶混、针阔混、经济林、灌木林
咸阳	油松、柏类、栎类、其他硬阔类、其他软阔类、针叶混、阔叶混、针阔混、经济林、灌木林
铜川	油松、栎类、榆树、其他硬阔类、杨树、其他软阔类、经济林、灌木林

注：在计算过程中，经济林、灌木林按照优势树种（组）对待。

结合陕西省森林资源调查情况，陕西省森林污减霾功能的评估方法为：①将陕西省按行政区划分为10个一级测算单元；②每个一级测算单元按照优势树种（组）划分为20个二级测算单元；③每个二级测算单元按照起源划分为2个三级测算单元；④每个三级测算单元按照林龄划分为5个四级测算单元。最后结合不同立地条件的对比观测，最终确定2000个均质化的评估单元。基于生态系统尺度的定位实测数据，运用遥感反演、模型模拟等技术手段，进行由点到面的数据尺度转换，将点上实测数据转换至面上测算数据，得到各评估单元的测算数据。以上均质化的单元数据累加的结果即为陕西省森林生态系统治污减霾功能测算结果。

> 遥感反演：基于模型知识的基础上，依据可测参数值去反推目标的状态参数。或者说根据观测信息和前向物理模型，求解或推算描述地面实况的应用参数（或目标参数）。

二、测算评估指标体系

依据中华人民共和国林业行业标准《森林生态系统长期定位观测方法》（GB/T 33027—2016）和《森林生态系统服务功能评估规范》（LY/T 1721—2008），结合陕西省森林生态系统治污减霾功能评估实际情况，在满足代表性、全面性、简明性、可操作性以及适应性等原则的基础上，本次评估选取了2类9项指标（图1-5）。

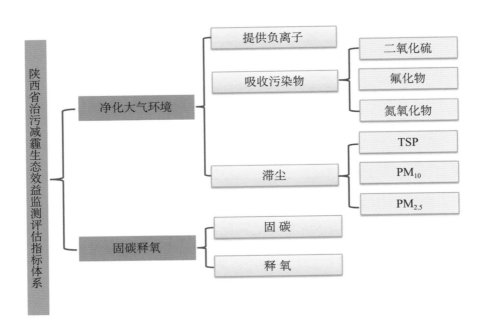

图1-5　陕西省森林生态系统治污减霾功能评估指标体系

陕西省治污减霾功能评估指标体系中，滞尘主要包括 TSP、PM_{10}、$PM_{2.5}$，吸收污染物主要包括林木对大气中二氧化硫、氟化物和氮氧化物的吸收。

三、数据源耦合集成

陕西省森林治污减霾功能评估分为物质量和价值量两大部分。

　　　物质量评估：主要是对生态系统提供服务的物质数量进行评估，即根据不同区域、不同生态系统、功能和过程，从生态系统服务功能机制出发，利用适宜的定量方法确定生态系统服务功能的质量、数量。其特点是评估结果比较直观，能够比较客观地反映生态系统的生态过程，进而反映生态系统的可持续性。

价值量评估：主要是利用一些经济学方法对生态系统提供的服务进行评价。价值量评估的特点是评价结果用货币量体现，既能将不同生态系统与一项生态系统服务进行比较，也能将某一生态系统的各单项服务综合起来。运用价值量评价方法得出的货币结果能引起人们对区域生态系统服务足够的重视。

物质量评估所需的数据来源于陕西省森林生态连清数据集和 2015 年陕西省森林资源调查数据集；价值量评估所需数据除以上两个来源外还包括社会公共数据集（图 1-6）。

图 1-6　数据来源与集成

本次评估中的数据主要有三个来源：

（1）陕西省治污减霾生态连清数据集：陕西省森林生态连清数据主要来源于陕西省及周边省份的 5 个森林生态站以及辅助观测点的监测结果，其中森林生态站以国家林业局森林生态站为主体，还包括省级森林生态站和长期固定试验基地以及多块植物监测固定样地等，依据中华人民共和国林业行业标准《森林生态系统定位观测指标体系》(LY/T 1606—2003) 和《森林生态系统长期定位研究方法》(GB/T 33027—2016) 开展的森林治污减霾生态连清数据。

（2）陕西省林业厅和陕西省林业调查规划院提供的森林资源数据集：包括陕西省按照《国家林业局办公室关于开展第九次全国森林资源清查 2014 年工作的通知》(办资字 [2014]42 号) 的安排和部署，依照国家林业局《国家森林资源连续清查技术规定》进行的第九次森林资源清查数据集。

(3) 社会公共数据集：来源我国及陕西省权威机构公布的社会公共数据，包括中华人民共和国国家发展和改革委员会第四部委 2003 年第 31 号令《排污费征收标准及计算方法》、陕西省物价局（http://www.snprice.gov.cn）、陕西省相关部门的统计公告（附表 4）。

四、森林生态功能修正系数

森林生态服务功能价值的合理测算具有重要意义。社会进步程度、经济发展水平、森林资源质量等对森林生态系统服务功能均会产生一定影响，而森林自身结构和功能状况则是体现森林生态系统服务功能可持续发展的基本前提。"修正"作为一种状态，表明系统各要素之间具有相对"融洽"的关系。当用现有的野外实测值不能代表同一生态单元同一目标林分类型的结构或功能时，就需要采用森林生态功能修正系数（Forest Ecological Function Correction Coefficient，简称 FEF-CC），客观地从生态学精度的角度反映同一林分类型在同一区域的真实差异。修正系数的理论公式为：

$$FEF\text{-}CC = \frac{B_e}{B_o} = \frac{BEF \times V}{B_o} \qquad (1\text{-}1)$$

式中：FEF-CC——森林生态功能修正系数；

B_e——评估林分的生物量（千克／立方米）；

B_o——实测林分的生物量（千克／立方米）；

BEF——蓄积量与生物量的转换因子；

V——评估林分的蓄积量（立方米）。

实测林分的生物量可以通过森林生态连清的实测手段来获取，而评估林分的生物量在关中地区资源清查和造林工程调查中还没有完全统计。可以通过评估林分蓄积量和生物量转换因子（BEF，附表 2）来测算评估（Fang et al，1998；Fang et al，2001）。

五、评估公式与模型包

陕西省森林生态系统治污减霾评估共涉及净化大气环境和固碳释氧 2 类 9 项指标的评估，不同指标的核算方法如表 1-4 所示。

（一）贴现率

陕西省森林生态系统治污减霾功能价值量评估中，由物质量转价值量时，部分价格参数并非评估年价格参数，因此，需要使用贴现率将非评估年份价格参数换算成评估年份价格参数以计算各项功能价值量的现价。

陕西省森林生态系统治污减霾功能价值量评估中所使用的贴现率是指将未来现金收益

表1-4 陕西省森林治污减霾价值量评估方法

功能类别	核算内容	核算方法
固碳释氧	固碳	瑞典碳税
	释氧	医用氧价格替代法
净化大气环境	提供负离子	器械成本替代法
	吸收污染物、滞尘	排污费替代法，健康危害损失法

折合成现在收益的比率。贴现率是一种存贷均衡利率，利率的大小主要根据金融市场利率来决定。均衡利率的计算公式为：

$$t = (D_r + L_r) / 2 \tag{1-2}$$

式中：t——存贷款均衡利率（%）；

D_r——银行的平均存款利率（%）；

L_r——银行的平均存款贷率（%）。

贴现率利用存贷款均衡利率，将非评估年份价格参数逐年贴现至评估年2015年的价格参数。贴现率的计算公式为：

$$d = (1 + t_n)(1 + t_{n+1}) \cdots (1 + t_m) \tag{1-3}$$

式中：d——贴现率；

t——存贷款均衡利率（%）；

n——价格参数可获得年份（年）；

m——评估年年份（年）。

（二）净化大气环境功能

近年雾霾天气的频繁、大范围出现，使空气质量状况成为民众和政府部门的关注焦点，大气颗粒物（如 PM_{10}、$PM_{2.5}$、TSP）被认为是造成雾霾天气的罪魁出现在人们的视野中。如何控制大气污染、改善空气质量成为科学研究的热点。

森林释放负离子是指森林的树冠、枝叶的尖端放电以及光合作用过程的光电效应促使空气电解，产生空气负离子，同时森林植被释放的挥发性物质如植物精气（又叫芬多精）等也能促进空气电离，增加空气负离子浓度。

　　森林能有效吸收有害气体和阻滞粉尘，还能释放氧气与萜烯物，从而起到净化大气的作用（图1-7）。为此，本研究选取提供负离子、吸收污染物和滞尘3个指标反映森林净化大气环境的能力。由于降低噪音指标计算方法尚不成熟，所以本研究中不涉及降低噪音指标。

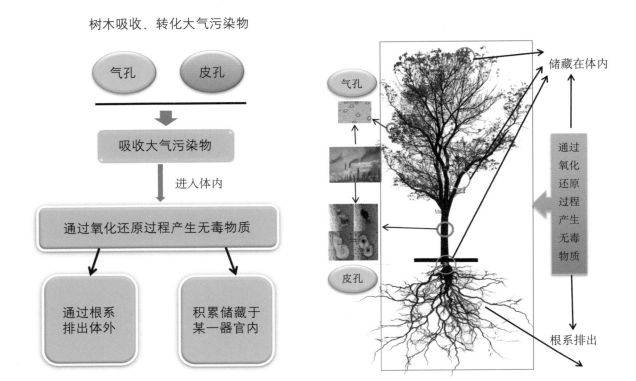

图1-7　树木吸收空气颗粒物示意图

1. 提供负离子指标

（1）年提供负离子量。

林分年提供负离子量计算公式：

$$G_{负离子} = 5.256 \times 10^{15} \cdot Q_{负离子} A \cdot H \cdot F / L \tag{1-4}$$

式中：$G_{负离子}$——实测林分年提供负离子个数（个/年）；

　　　　$Q_{负离子}$——实测林分负离子浓度（个/立方厘米）；

　　　　H——林分高度（米）；

　　　　L——负离子寿命（分钟）；

　　　　A——林分面积（公顷）；

　　　　F——森林生态功能修正系数。

（2）年提供负离子价值。国内外研究证明，当空气中负离子达到 600 个 / 立方厘米以上时，才能有益人体健康，所以林分年提供负离子价值采用如下公式计算：

$$U_{负离子} = 5.256 \times 10^{15} \times A \cdot H \cdot K_{负离子} (Q_{负离子} - 600) \cdot F / L \cdot d \qquad (1\text{-}5)$$

式中：$U_{负离子}$——实测林分年提供负离子价值（元 / 年）；

　　　$K_{负离子}$——负离子生产费用（元 / 个）（附表 4）；

　　　$Q_{负离子}$——实测林分负离子单位体积浓度（个 / 立方厘米）；

　　　L——负离子寿命（分钟）；

　　　H——林分高度（米）；

　　　A——林分面积（公顷）；

　　　F——森林生态功能修正系数；

　　　d——贴现率。

2．吸收污染物指标

二氧化硫、氟化物和氮氧化物是大气污染物的主要物质（图 1-8），因此本研究选取森林吸收二氧化硫、氟化物和氮氧化物 3 个指标核算森林吸收污染物的能力。森林对二氧化硫、氟化物和氮氧化物的吸收，可使用面积 – 吸收能力法、阈值法、叶干质量估算法等。本研究采用面积 – 吸收能力法核算森林吸收污染物的总量。

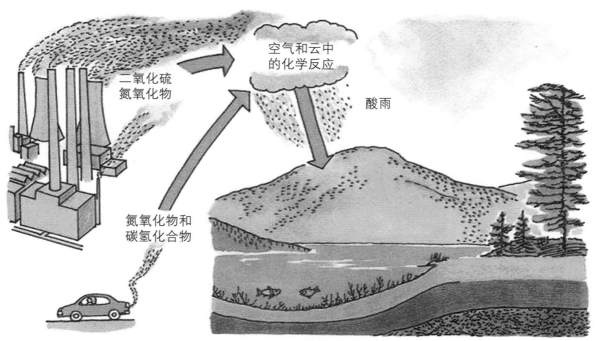

图 1-8　污染气体的主要来源

（1）吸收二氧化硫。主要计算林分年吸收二氧化硫物质量和价值量。

①林分年吸收二氧化硫量计算公式：

$$G_{二氧化硫} = Q_{二氧化硫} \cdot A \cdot F / 1000 \qquad (1\text{-}6)$$

式中：$G_{二氧化硫}$——实测林分年吸收二氧化硫量（吨／年）；

$\quad Q_{二氧化硫}$——单位面积实测林分年吸收二氧化硫量［千克／（公顷·年）］；

$\quad A$——林分面积（公顷）；

$\quad F$——森林生态功能修正系数。

②林分年吸收二氧化硫价值计算公式：

$$U_{二氧化硫} = K_{二氧化硫} \cdot Q_{二氧化硫} \cdot A \cdot F \cdot d \qquad (1\text{-}7)$$

式中：$U_{二氧化硫}$——实测林分年吸收二氧化硫价值（元／年）；

$\quad K_{二氧化硫}$——二氧化硫的治理费用（元／千克）（附表4）；

$\quad Q_{二氧化硫}$——单位面积实测林分年吸收二氧化硫量［千克／（公顷·年）］；

$\quad A$——林分面积（公顷）；

$\quad F$——森林生态功能修正系数；

$\quad d$——贴现率。

（2）吸收氟化物。主要计算林分年吸收氟化物物质量和价值量。

①林分年吸收氟化物量计算公式：

$$G_{氟化物} = Q_{氟化物} \cdot A \cdot F / 1000 \qquad (1\text{-}8)$$

式中：$G_{氟化物}$——实测林分年吸收氟化物量（吨／年）；

$\quad Q_{氟化物}$——单位面积实测林分年吸收氟化物量［千克／（公顷·年）］；

$\quad A$——林分面积（公顷）；

$\quad F$——森林生态功能修正系数。

②林分年吸收氟化物价值计算公式如下：

$$U_{氟化物} = K_{氟化物} \cdot Q_{氟化物} \cdot A \cdot F \cdot d \qquad (1\text{-}9)$$

式中：$U_{氟化物}$——实测林分年吸收氟化物价值（元／年）；

$\quad K_{氟化物}$——氟化物治理费用（元／千克）（附表4）；

$\quad Q_{氟化物}$——单位面积实测林分年吸收氟化物量［千克／（公顷·年）］；

$\quad A$——林分面积（公顷）；

$\quad F$——森林生态功能修正系数；

d——贴现率。

（3）吸收氮氧化物。主要计算林分年吸收氮氧化物物质量和价值量。

①林分年吸收氮氧化物量计算公式：

$$G_{氮氧化物} = Q_{氮氧化物} \cdot A \cdot F / 1000 \tag{1-10}$$

式中：$G_{氮氧化物}$——实测林分年吸收氮氧化物量（吨／年）；

$Q_{氮氧化物}$——单位面积实测林分年吸收氮氧化物量［千克／（公顷·年）］；

A——林分面积（公顷）；

F——森林生态功能修正系数。

②年吸收氮氧化物量价值计算公式如下：

$$U_{氮氧化物} = K_{氮氧化物} \cdot Q_{氮氧化物} \cdot A \cdot F \cdot d \tag{1-11}$$

式中：$U_{氮氧化物}$——实测林分年吸收氮氧化物价值（元／年）；

$K_{氮氧化物}$——氮氧化物治理费用（元／千克）（附表4）；

$Q_{氮氧化物}$——单位面积实测林分年吸收氮氧化物量［千克／（公顷·年）］；

A——林分面积（公顷）；

F——森林生态功能修正系数；

d——贴现率。

3．滞尘指标

森林有阻挡、过滤和吸附粉尘的作用，可提高空气质量，因此滞尘功能是森林生态系统重要的服务功能之一。鉴于近年来人们对PM_{10}和$PM_{2.5}$（图1-9）的关注，本研究在评估总滞尘量及其价值的基础上，将PM_{10}和$PM_{2.5}$从总滞尘量中分离出来进行了单独的物质量和价值量评估。

（1）年总滞尘量。林分年滞尘量计算公式：

$$G_{滞尘} = Q_{滞尘} \cdot A \cdot F / 1000 \tag{1-12}$$

式中：$G_{滞尘}$——实测林分年滞尘量（吨／年）；

$Q_{滞尘}$——单位面积实测林分年滞尘量［千克／（公顷·年）］；

A——林分面积（公顷）；

F——森林生态功能修正系数。

（2）年滞尘价值。本研究中，用健康危害损失法计算林分吸滞PM_{10}和$PM_{2.5}$的价值。其中，PM_{10}采用的是治疗因为空气颗粒物污染而引发的上呼吸道疾病的费用、$PM_{2.5}$采用的是治疗因为空气颗粒物污染而引发的下呼吸道疾病的费用。林分吸滞其余颗粒物的价值仍

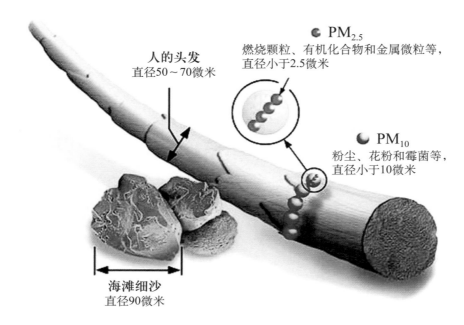

人的头发
直径50～70微米

PM$_{2.5}$
燃烧颗粒、有机化合物和金属微粒等，
直径小于2.5微米

PM$_{10}$
粉尘、花粉和霉菌等，
直径小于10微米

海滩细沙
直径90微米

图 1-9　PM$_{2.5}$ 颗粒直径示意

选用降尘清理费用计算。

年滞尘价值计算公式如下：

$$U_{滞尘} = (G_{滞尘} - G_{PM_{10}} - G_{PM_{2.5}})K_{滞尘} \cdot d + U_{PM_{10}} + U_{PM_{2.5}} \tag{1-13}$$

式中：$U_{滞尘}$——实测林分年滞尘价值（元／年）；

　　　$G_{滞尘}$——实测林分年滞尘量（吨／年）；

　　　$G_{PM_{10}}$——实测林分年吸滞 PM$_{10}$ 量（千克／年）；

　　　$G_{PM_{2.5}}$——实测林分年吸滞 PM$_{2.5}$ 量（千克／年）；

　　　$U_{PM_{10}}$——实测林分年吸滞 PM$_{10}$ 的价值（元／年）；

　　　$U_{PM_{2.5}}$——实测林分年吸滞 PM$_{2.5}$ 的价值（元／年）；

　　　$K_{滞尘}$——降尘清理费用（元／千克）（附表）；

　　　d——贴现率。

4．吸滞 PM$_{2.5}$

（1）年吸滞 PM$_{2.5}$ 量。

$$G_{PM_{2.5}} = 10 \cdot Q_{PM_{2.5}} \cdot A \cdot n \cdot F \cdot LAI \tag{1-14}$$

式中：$G_{PM_{2.5}}$——实测林分年吸滞 PM$_{2.5}$ 量（千克／年）；

　　　$Q_{PM_{2.5}}$——实测林分单位面积吸滞 PM$_{2.5}$ 量（克／平方米）

　　　A——林分面积（公顷）；

F——森林生态功能修正系数；

n——年洗脱次数；

LAI——叶面积指数。

（2）年吸滞 $PM_{2.5}$ 价值。

$$U_{PM_{2.5}} = C_{PM_{2.5}} \cdot G_{PM_{2.5}} \cdot d \qquad (1-15)$$

式中：$U_{PM_{2.5}}$——实测林分年吸滞 $PM_{2.5}$ 价值（元/年）；

$G_{PM_{2.5}}$——实测林分年吸滞 $PM_{2.5}$ 量（千克/年）；

$C_{PM_{2.5}}$——由 $PM_{2.5}$ 所造成的健康危害经济损失（元/千克）；

d——贴现率。

5．吸滞 PM_{10}

（1）年吸滞 PM_{10} 量。

$$G_{PM_{10}} = 10 \cdot Q_{PM_{10}} \cdot A \cdot n \cdot F \cdot LAI \qquad (1-16)$$

式中：$G_{PM_{10}}$——实测林分年吸滞 PM_{10} 量（千克/年）；

$Q_{PM_{10}}$——实测林分单位面积吸滞 PM_{10} 量（克/平方米）；

A——林分面积（公顷）；

F——森林生态功能修正系数；

n——年洗脱次数；

LAI——叶面积指数。

（2）年吸滞 PM_{10} 价值。

$$U_{PM_{10}} = C_{PM_{10}} \cdot G_{PM_{10}} \cdot d \qquad (1-17)$$

式中：$U_{PM_{10}}$——实测林分年吸滞 PM_{10} 价值（元/年）；

$G_{PM_{10}}$——实测林分年吸滞 PM_{10} 量（千克/年）；

$C_{PM_{10}}$——由 PM_{10} 所造成的健康危害经济损失（元/千克）；

d——贴现率。

（三）固碳释氧功能

森林与大气的物质交换主要是二氧化碳与氧气的交换，即森林固定并减少大气中的二氧化碳和提高并增加大气中的氧气，这对维持大气中的二氧化碳和氧气动态平衡、减少温室效应以及为人类提供生存的基础都有巨大和不可替代的作用（Wang et al，2013a；Wang et al，2013b）。

本次评估中选用固碳、释氧 2 个指标反映森林固碳释氧功能。根据光合作用化学反应式，森林植被每积累 1.00 克干物质，可以吸收（固定）1.63 克二氧化碳，释放 1.19 克氧气。

1．固碳指标

（1）林分年固碳量。林分年固碳量计算公式：

$$G_{碳} = A(1.63 R_{碳} \cdot B_{年} + F_{土壤碳}) \cdot F \qquad (1\text{-}18)$$

式中：$G_{碳}$——实测年固碳量（吨／年）；

$\quad B_{年}$——实测林分年净生产力 [吨／（公顷·年）]；

$\quad F_{土壤碳}$——单位面积林分土壤年固碳量 [吨／（公顷·年）]；

$\quad R_{碳}$——二氧化碳中碳的含量，为 27.27%；

$\quad A$——林分面积（公顷）；

$\quad F$——森林生态功能修正系数。

（2）年固碳价值。林分年固碳价值的计算公式为：

$$U_{碳} = A \cdot C_{碳}(1.63 R_{碳} \cdot B_{年} + F_{土壤碳}) \cdot F \cdot d \qquad (1\text{-}19)$$

式中：$U_{碳}$——实测林分年固碳价值（元／年）；

$\quad B_{年}$——实测林分年净生产力 [吨／（公顷·年）]；

$\quad F_{土壤碳}$——单位面积森林土壤年固碳量 [吨／（公顷·年）]；

$\quad C_{碳}$——固碳价格（元／吨）（附表 4）；

$\quad R_{碳}$——二氧化碳中碳的含量，为 27.27%；

$\quad A$——林分面积（公顷）；

$\quad F$——森林生态功能修正系数；

$\quad d$——贴现率。

2．释氧指标

（1）年释氧量。林分年释氧量计算公式：

$$G_{氧气} = 1.19 A \cdot B_{年} \cdot F \qquad (1\text{-}20)$$

式中：$G_{氧气}$——实测林分年释氧量（吨／年）；

$\quad B_{年}$——实测林分年净生产力 [吨／（公顷·年）]；

$\quad A$——林分面积（公顷）；

$\quad F$——森林生态功能修正系数。

（2）年释氧价值。年释氧价值计算公式：

$$U_{氧} = 1.19 \cdot C_{氧} \cdot A \cdot B_{年} \cdot F \cdot d \qquad (1\text{-}21)$$

式中：$U_{氧}$——实测林分年释氧价值（元／年）；

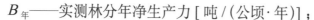

$B_年$——实测林分年净生产力 [吨 / (公顷·年)]；

$C_氧$——制造氧气的价格（元 / 吨）（附表 4）；

A——林分面积（公顷）；

F——森林生态功能修正系数；

d——贴现率。

（四）陕西省森林生态系统治污减霾功能总价值评估

治污减霾生态服务总价值为上述 2 类 9 项生态服务价值之和，计算公式为：

$$U_I = \sum_{i=1}^{9} U_i \tag{1-22}$$

式中：U_I——治污减霾生态服务年总价值（元 / 年）；

U_i——治污减霾生态服务各分项年价值（元 / 年）。

第二章
陕西省自然资源与地理环境概况

第一节 自然概况

一、地理位置

陕西省位于中国西北地区东部，地处 105°29′～111°15′ E，31°42′～39°35′ N 之间，东邻山西、河南省，西连宁夏回族自治区、甘肃省，南抵四川省、重庆市、湖北省，北接内蒙古自治区，居于连接中国东、中部地区和西北、西南的重要位置。现辖西安、咸阳、宝鸡、渭南、铜川、商洛、汉中、安康、延安、榆林 10 个市（图 2-1）（陕西省地情网，http://www.sxsdq.cn）。

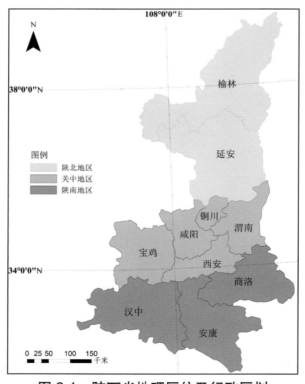

图 2-1 陕西省地理区位及行政区划

全省地域南北长、东西窄，南北长约880千米，东西宽约160～490千米。全省以秦岭为界，南北河流分属长江水系和黄河水系。主要有渭河、泾河、洛河、无定河和汉江、丹江、嘉陵江等。全省土地面积为2059.77万公顷（陕西省第九次森林资源清查），占全国土地面积的2.14%。此外，中国大地原点就位于陕西省泾阳县永乐镇（陕西省地情网，http://www.sxsdq.cn）。

二、地形地貌

陕西省地貌形态差异明显，北部为风沙高原和黄土高原，海拔1000～1500米；南部为陕南秦巴山地，海拔多在1000～3000米；中部为关中平原，海拔一般为300～800米。全省地势南北高、中部低，西部高、东部低。最高点为周至县与太白县交界处的太白山拔仙台，海拔3767米；最低点在白河县与湖北省交界的汉江右岸，海拔170米（图2-2）。陕南秦巴山地约占全省总面积的36%，陕北高原约占45%，关中平原约占19%（陕西省地情网，http://www.sxsdq.cn）。

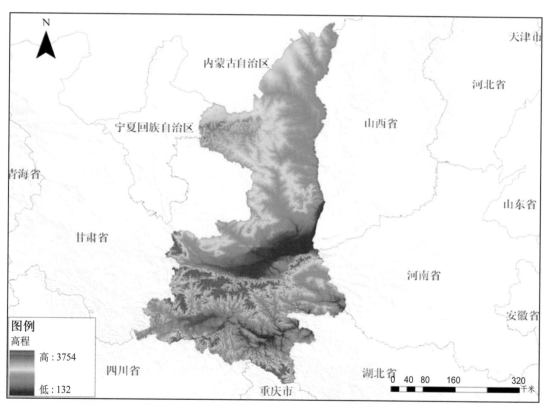

图2-2　陕西省数字高程图（引自"地理国情监测云平台"）

陕北高原：地势西北高、东南低，控制着陕北主要河流由西北流向东南。高原除部分基岩山地、土石山地和沙丘地外，大部分是由厚达数十米至百余米的风成黄土覆盖的丘陵、塬梁地貌，其南部黄土塬保存面积较大，为塬梁沟壑区，其北部地形破碎，为梁

峁丘陵沟壑区（图 2-3）；长城沿线以北为风沙区，东西长约 420 千米，南北宽 12～120
千米，是毛乌素沙漠的组成部分。黄土高原区的基岩山地或土石山地有子午岭（海拔
1400～1700 米）、崂山、黄龙山(海拔 1400～1600 米)和庙山(海拔 1500～1700 米)等。
渭北台塬北缘的低山丘岭，俗称"北山"，是关中平原与陕北高原的界岭，自西向东有老
爷岭（1678 米）、老崛山（1675 米）、岐山（1651 米）、瓦罐岭、五峰山（1467 米）、笔架
山（1211 米）、北仲山（1614 米）、嵯峨山（1423 米）、将军岭（1347 米）、碑子山（1371
米）、尧山（1092 米）、射公山（1341 米）、磨镰石（1544 米）等（陕西省地情网，http://
www.sxsdq.cn）。

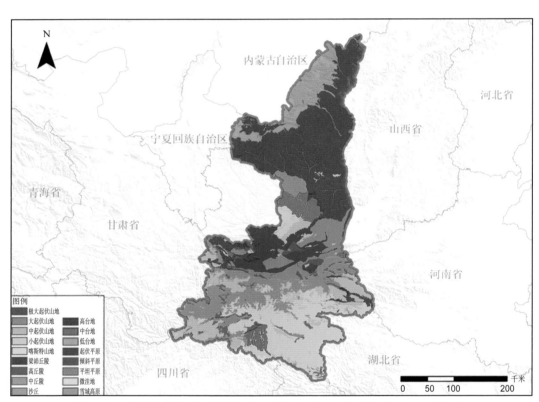

图 2-3　陕西省地貌类型分布（引自"地理国情监测云平台"）

关中平原：地跨两大地质构造单元，渭河平原及以北地区属陕北地块；南部山区属秦岭
地块。关中地区总体地势西高东低、南北高中部低，可分为三种地貌类型：渭河平原区、秦
岭山地区和黄土塬梁沟壑区，海拔在 293～3708 米。渭河平原区主要由渭河河漫滩、渭河
级阶地以及黄土台原组成，呈西高东低之势，约占关中地区总面积的 42%；秦岭山地位于
关中地区南侧，多为海拔 2000 米以上的中高山，是我国南方与北方的天然分界，约占关中
地区总面积的 40%；黄土塬梁沟壑区由关中平原北侧的一系列沉积岩山地组成，统称为"北
山"，这一地区山麓梁大沟深，主要山峰有子午岭、岐山、石门山等，为黄土丘陵地形，向

北逐渐过渡到黄土高原，海拔多为1000米左右，约占关中地区总面积的18%（陕西省地情网，http://www.sxsdq.cn）。

陕南秦巴山地：受岩性、构造、新构造运动及外营力垂直分带的综合影响，地貌结构复杂，类型多样。陕西境内为秦岭中段，它西起略阳、凤县，东达洛南、商南，在断块掀升作用下，山脉主脊位于北侧，山体北仰南俯，海拔2000～2500米，成为中国自然地理上的重要分界线。秦岭主峰太白山，海拔3767米，为中国东部大陆上的最高峰。山地具层状结构，最高的剥蚀面太白山跑马梁，海拔3300米左右，向南北两侧逐级下降到海拔500米左右的汉中、安康盆地和海拔400米左右的渭河平原，从山顶向两侧，依次为高山、中山、低山丘陵、河谷平原。大巴山居于陕西与四川边境，东西延伸，西段海拔1500～2000米，东段海拔2000～2500米。汉江谷地东西延伸，把秦岭和大巴山分开。第四纪冰期时，秦岭高山、中山区曾发育了冰川地貌，其中冰蚀、冰碛地貌保存完好。秦巴山地的可溶性岩类分布广泛，岩溶地貌发育较多，如秦岭山地中的柞水溶洞、凤县的溶洞，大巴山区的小南海溶洞等，其中以大巴山、米仓山灰岩区的峰丛、溶洞、落水洞、盲谷等发育典型。因山地构造抬升、岩体破碎，山高坡陡，在人为因素影响下，暴雨诱发的重力地貌，往往造成严重灾害，其中崩塌、滑坡和泥石流较为突出。秦巴山区经历了多旋回断裂抬升和沉降活动，形成岭脊和盆地相间的地貌格局，山间构造盆地星罗棋布，较大的有汉中盆地、安康盆地、凤州盆地、太白盆地、商丹盆地、洛南盆地、商南盆地、山阳盆地等，这些盆地中水土条件良好，都是山区的农业中心和政治、经济、文化中心（陕西省地情网，http://www.sxsdq.cn）。

三、地质土壤

陕西省自然环境复杂多样，土地垦殖历史悠久，土壤分类渊源久远（图2-4）。根据全国土壤分类系统，结合本省实际，全省共划分为8个土纲、19个土类、69个亚类、201个土属。各类土壤性质差异大，肥沃程度和利用状况不同，不少土壤属于中低产土，加之侵蚀、湿害、干旱、次生盐渍化、污染等严重危害一些地区的农业生产，土壤改良和培肥任务十分艰巨。

陕西土壤分布的水平地带谱，可划分为5个土壤带，15个土壤区。按地域分异特点，结合自然景观，全省划分为6类土壤生态系统。

（一）长城沿线沙滩地淡栗钙土、风沙土生态系统

分布于陕北长城沿线及其以北地区，包括定边、靖边、榆林、神木的大部，以及横山、府谷、佳县的一部分，总面积2万多平方千米。沙丘广布，河谷宽短，海子、滩地交相辉映。气候干寒，年均气温8℃以下，年降水量400毫米左右，沙生草原为主，海子滩地有稀疏的盐生草甸。土壤主要为淡栗钙土、风沙土，另有少量灰钙土、残遗的黑垆土，海子有

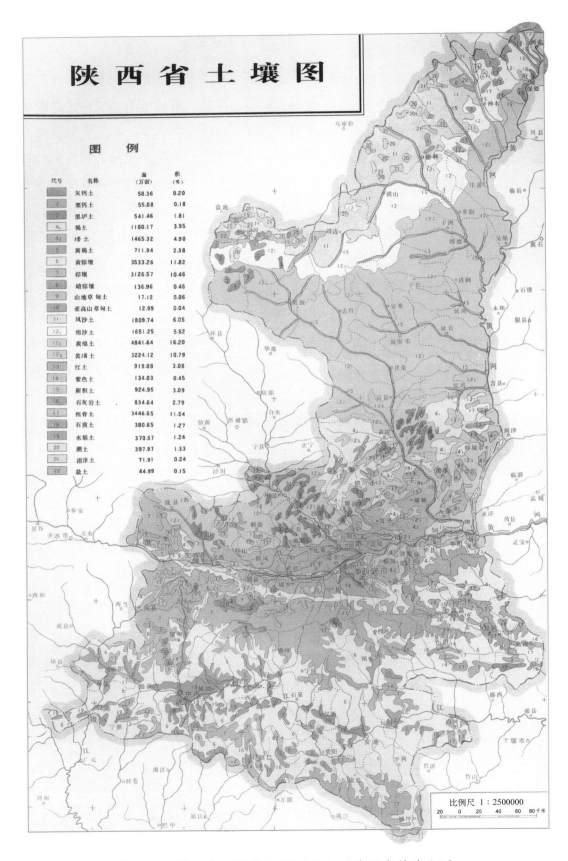

图2-4　陕西省土壤分布图（引自《陕西森林资源》）

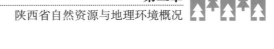

沼泽土和草甸土，滩地有盐化草甸土和盐土，低山丘陵为沙黄绵土，沟谷岩石裸露地为石质土，沟壁多红黏土。

（二）黄土丘陵沟壑区森林草原黑垆土生态系统

分布于长城沿线以南，关山以北的黄土高原区，占有榆林地区的中南部和延安地区全部，总面积约 5 万平方千米。崂山以北为黄土梁峁丘陵沟壑区，水土流失严重；崂山以南为黄土梁塬沟壑区，塬区水土流失比较缓和。黄土高原区年均气温 7.8～10.7℃，年降水量 480～630 毫米，植被主要有长芒草、白羊草、百里香、铁杆蒿、甘草等草丛，山地丘陵残存有次生落叶阔叶梢林灌丛。地带性土壤为黑垆土，北部受风沙影响形成沙质而土性燥的焦黑垆土，中部环境条件逐渐变好，形成典型的黑垆土，南部水热条件优越形成黏黑垆土，淋溶强而上层无石灰反应的为淋溶黑垆土。在长期水土流失的影响下，黑垆土表层原有的黑色腐殖质层大部被侵蚀掉了，下部的黄土质层次出露地表，形成了黄绵土，黑垆土仅星罗棋布地镶嵌在黄绵土背景之中。山地丘陵区发育有灰褐土。

（三）关中盆地暖温带阔叶落叶林褐土生态系统

关中地区大部为渭河冲积平原和黄土台塬区，自然条件较好，土地肥沃，区域开发早，人为活动对关中土壤产生深刻影响。

关中地区为暖温带半湿润气候，年均温 13℃左右，年降水量 550～700 毫米，雨热同季，以落叶阔叶林植被为主，并伴生有耐旱灌木和草原植物。褐土为地带性土壤。靠近秦岭山麓大部为淋溶褐土，渭河地区多为普通褐土，黄土台塬区多为碳酸盐褐土。渭、洛、黄河沿岸的河漫滩区河流冲积物形成新积土，山前洪积扇上也有新积土。河漫滩及某些一级阶地区，多生长草甸植物，形成草甸土，呈零星分布。个别低洼而生长水草—沼泽植物的地方形成沼泽土。地形封闭、排水不畅、地下水位又浅的地段，往往出现盐化土甚至盐土。关中为多种土壤的组合区，每类土壤的形成和分布都密切地与它所处的生态环境条件相联系。

关中褐土在长期耕作影响下，形成了深厚的耕作层，熟化程度好，有人起名叫"塿土"。认为耕作熟化使原生褐土形成了多层的耕作熟化层，如现今耕作层、古耕层，或耕作层、犁底层等，连同褐土的原有层次，则出现多种层次栉比似楼房层次一样，所以叫"塿土"，并认为"塿土"耕作层由人工长期施加土粪并经过耕种熟化而形成。实际上"塿土"不可避免地要受到自然地貌侵蚀的影响，经过侵蚀、搬运、沉积于低洼地形部位等。这种侵蚀过程同人工施加土粪共同影响下，形成深厚的耕作熟化层。

（四）秦岭山地阔叶—针阔叶混交林棕壤生态系统

陕西秦岭海拔多在 2000～2500 米，最高峰太白山海拔 3767 米，向东扩展为华山、蟒岭、流岭、鹃岭、新开岭五条山脉，向西展开为南岐山、凤岭和紫柏山三支。因秦岭处于暖温带与亚热带交界地带，山地气候垂直分带明显，生物垂直地带性显著。以太白山南坡为例，生物气候土壤垂直地带谱是：海拔 1200 米以下地带，气候温热湿润，有亚热带常绿林和温带落叶阔叶林分布，地带性土壤为黄棕壤和黄褐土；海拔 1200～2200 米地带，气候温和湿润，为落叶阔叶林带，地带性土壤为棕壤；海拔 2200～3000 米地带，气候凉湿，植被为针阔叶混交林，地带性土壤为暗棕壤；海拔 3000～3350 米地带，气候寒冷湿润，为高山针叶林带，土壤为山地灰化暗棕壤；海拔 3350～3767 米地带，寒冷多风，为亚高山灌木草甸带，土壤为亚高山草甸土。

（五）汉中—安康盆地亚热带黄棕壤、水稻土生态系统

位于汉江上游的两大盆地，为亚热带季风气候和阔叶常绿林区，汉中盆地内部为汉江一、二、三、四级阶地，大部地形平坦，红黏土层深厚，主要土壤为水稻土，盆地四周丘陵地有地带性的黄棕壤、黄褐土。安康盆地区水、土、气条件优越，土壤为水稻土、黄褐土和黄棕壤。水旱轮作，稻麦两熟。

（六）大巴山常绿阔叶—落叶混交林黄棕壤生态系统

大巴山位于本省最南部，海拔 2000 米左右，最高峰化龙山海拔 2917 米。山区石灰岩分布广，岩溶地貌发育，亚热带植物如樟科、山茶科、木犀科、壳斗科等常绿阔叶树种广泛分布，地带性土壤为黄棕壤和黄褐土，海拔 2000 米以上有棕壤和草甸土。

四、气候特点

陕西属大陆季风性气候，由于南北延伸达 800 千米以上，所跨纬度多，从而引起境内南北间气候类型复杂多样，呈现出明显差异，从南向北依次出现北亚热带、暖温带、中温带气候带，其中各带又有湿润、半湿润、半干旱甚至干旱气候等多种类型（图 2-5）。陕南盆地属北亚热带、山地大部属暖温带，气候湿润多雨，植被主要以常绿森林形式存在。关中平原地区及陕北大部分地区属暖温带、半湿润或半干旱气候，冬冷夏热，四季分明；降水集中，雨热同季，易发生干旱。长城沿线以北为温带干旱半干旱气候，夏季温和，冬季寒冷，由草原向半荒漠过渡。

陕西地处西北内陆，受大陆气候影响较大，温度分布基本上是由南向北逐渐降低（图 2-6）。气温年较差陕南为 29～34℃，关中为 27～31℃，陕北 24～27℃。各地年平均气温在 7～16℃，其中陕南地区年平均气温为 14～15℃，关中地区 12～14℃，陕北 7～11℃。气温最低月为 1 月份，各地区平均气温分别为：陕南 0～3℃，关中 -3～-1℃，陕北 -10～-4℃。气温最高月为 7 月，各地区平均气温分别为：陕南 24～27.5℃，关中 23～27℃，陕北 21～25℃。陕西降水由南向北递减，干燥度由南向北递增，受山地地形影响比较显著（图 2-7），陕南年降水量在 700 毫米以上，年干燥度小于 1.0；关中年降水量在 600 毫米左右，年干燥度在 1.5 以下；陕北南部年降水量在 600～700 毫米，年干燥度在 1.5 以下，陕北北部年降水量为 400～500 毫米，年干燥度在 1.5 以上，最北端的长城沿线以北，

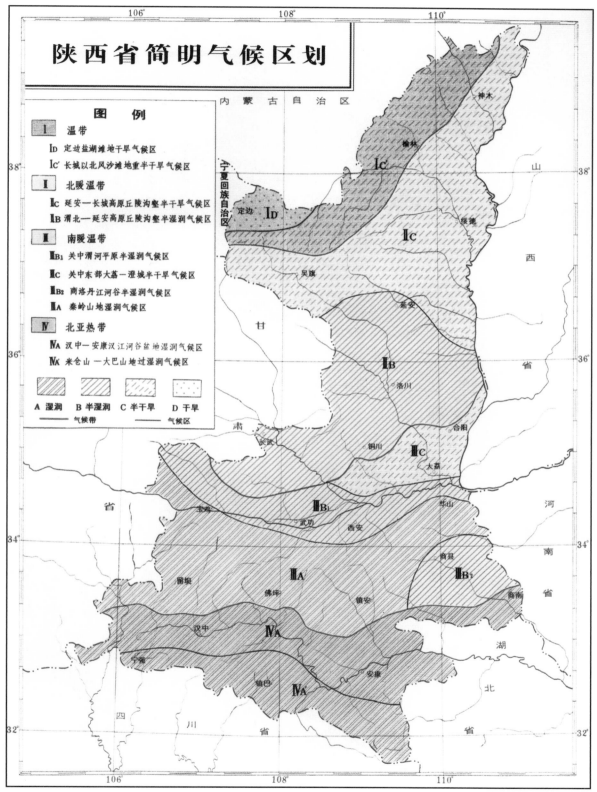

图 2-5　陕西省气候区划图（引自《陕西森林资源》）

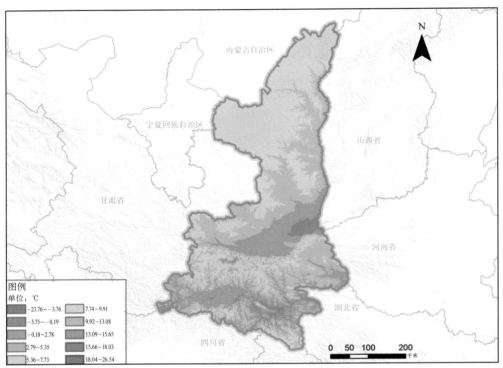

图 2-6　陕西省年均温度分布（引自"地理国情监测云平台"）

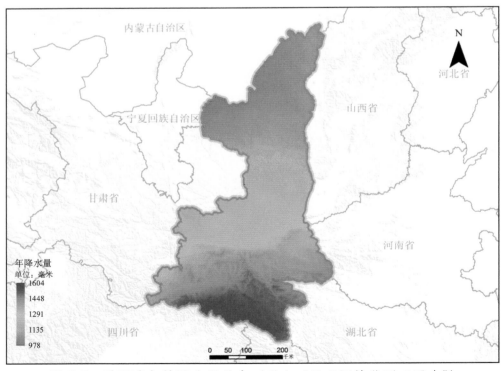

图 2-7　陕西省年均降水量分布（引自"地理国情监测云平台"）

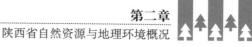

年干燥度大于 2.0。陕北受大陆影响比陕南明显。

五、水文资源

陕西境内河流分为内流水系和外流水系（图 2-8）。内流水系分布在陕北北部长城沿线风沙草滩区，占全省总面积的 2.3%，河少湖多，河流注入湖泊或消失在沙漠中。当地称湖泊为"海子"，面积小、数量多，总共有 300 多个，最大的红碱淖面积 67 平方千米。外流水系流域面积占全省总面积 97.7%，分属黄河、长江两大流域。其中黄河流域占全省面积的 62.2%，长江流域面积占 35.5%。全省流域面积在 100 平方千米以上的河流有 583 条，属黄河流域的有 358 条，属长江流域的有 221 条，内流河 4 条。其中流域面积在 5000 平方千米以上的大河 13 条。河流多呈西北—东南流向，秦岭以南河网密度大，秦岭以北河网密度较小，多数河流北侧支流源远流长，南侧支流较短小。黄河在陕西境内的主要支流从北向南有窟野河、无定河、清涧河、延河、北洛河、渭河、南洛河等，年总径流量 159.39 亿立方米，年输沙量 13.75 亿吨。长江在陕西境内的支流是汉江和嘉陵江。汉江在省内年径流量 245 亿立方米，年输沙量 0.58 亿吨，主要支流有褒河、湑水河、子午河、牧马河、仁河、岚河、月河、旬河、金钱河、丹江等，以丹江为最大；嘉陵江在省内年径流量 56.6 亿立方米，年输沙量 655 万吨。陕西省河流多流经高原、山区，峡谷多，落差大，水力发电蕴藏量达

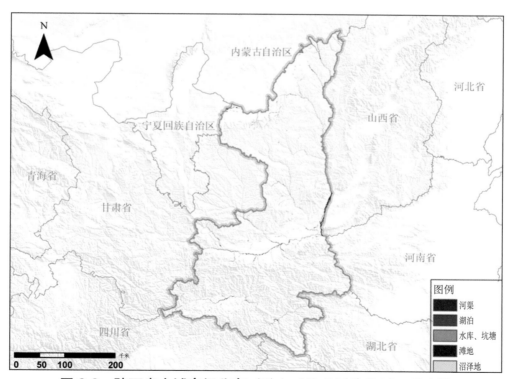

图 2-8 陕西省水域空间分布（引自"地理国情监测云平台"）

1400 多万千瓦，水库坝址甚多，且有不少优良坝址，具有建坝蓄水，进行发电、灌溉、防洪、养殖和旅游综合开发的巨大潜力和良好前景。

陕西地下水资源主要分布在一些较大的河谷阶地区，含水层厚，分布广，补给条件及富水性均较好。尤以关中泾、渭、洛河的阶地区和山前洪积扇裙地带地下水分布较集中，水量较丰，开发利用历史悠久。陕西还广泛分布有地下肥水资源，俗称"瀵井"，以关中平原地区分布集中，开发利用较多。

六、土地利用

根据《陕西省国土资源公报 2015》统计数据，陕西省土地总面积为 20.56 万平方千米，其中，国有土地 3.29 万平方千米，集体所有土地 17.27 万平方千米。主要地类面积为：耕地 399.52 万公顷，占总面积的 19.40%；园地 81.97 万公顷，占总面积的 4.00%；林地 1119.45 万公顷，占总面积的 54.40%；草地 285.36 万公顷，占总面积的 14.00%；居民点及工矿用地 80.12 万公顷，占总面积的 3.90%；交通运输用地 25.62 万公顷，占总面积的 1.20%；水利设施用地 30.85 万公顷，占总面积的 1.50%；其他用地 33.36 万公顷，占总面积的 1.60%（图 2-9、图 2-10）。

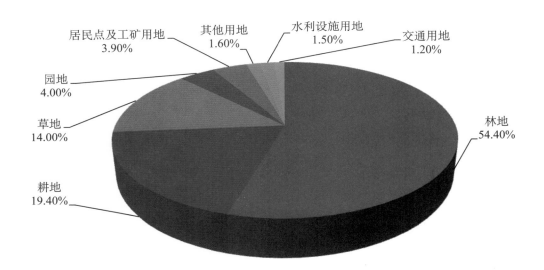

图 2-9　陕西省 2015 年土地利用类型图

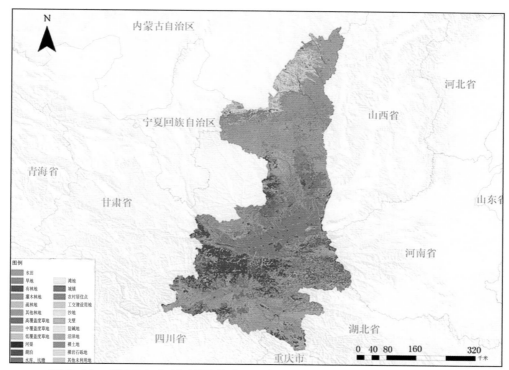

图 2-10　陕西省土地利用分布图（引自"地理国情监测云平台"）

第二节　森林资源概况

一、森林资源现状

根据陕西省第九次森林资源清查结果：全省土地总面积 2059.77 万公顷，其中林地面积 1236.79 万公顷，占土地总面积的 60.05%（图 2-11）。

乔木林面积（含乔木经济林）707.10 万公顷，占 57.17%；竹林面积 2.24 万公顷，占 0.18%；疏林地面积 28.80 万公顷，占 2.33%；灌木林面积 283.70 万公顷，占 22.94%。

活立木总蓄积量 51023.42 万立方米，其中：森林蓄积量 47866.70 万立方米，占 93.81%；疏林地蓄积量 436.36 万立方米，占 0.86%；散生木蓄积量 1830.62 万立方米，占 3.59%；四旁树蓄积量 889.74 万立方米，占 1.74%。

陕西省古树名木近 70 万株，约为全国古树名木总量的 1/10；野生动植物资源丰富，有陆生脊椎动物 604 种，其中大熊猫、朱鹮、林麝、金丝猴等国家一、二级保护动物 80 余种。有种子植物 3754 种，其中红豆杉、银杏等国家一、二级重点保护植物 30 余种（陕西省林业厅，http://www.snly.gov.cn/index.htm）。

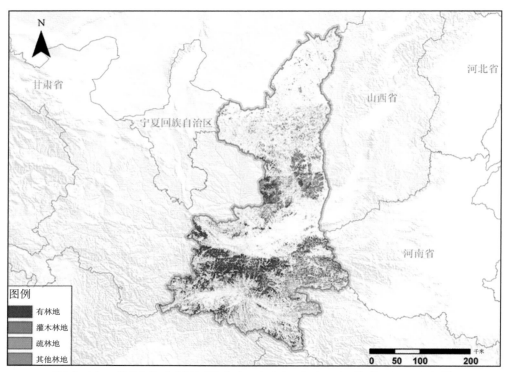

图 2-11　陕西省森林资源分布（引自"地理国情监测云平台"）

二、优势树种组结构

根据陕西省第九次森林资源清查结果，本次评估所涉及的资源面积为乔木林（含乔木经济林）面积、竹林面积和灌木林（含灌木经济林）面积总和 993.04 万公顷。按优势树种（组）共划分了 20 个优势树种（组）。各优势树种（组）按面积排序，前 3 位依次是阔叶混交林、灌木林和栎类，其面积合计为 589.16 万公顷，占全省优势树种（组）总面积的 59.33%（图 2-12）。

三、林龄结构

根据树木的生物学特性，将林分划分为幼龄林、中龄林、近熟林、成熟林和过熟林 5 个龄组。各林龄（组）面积及占总量的比例见表 2-1、图 2-13。

四、各地级市森林资源概况分析

全省森林资源主要分布在延安市、汉中市、安康市、商洛市和榆林市，其森林资源面积合计 758.60 万公顷，占全省森林资源总面积的 76.39%（图 2-14）。

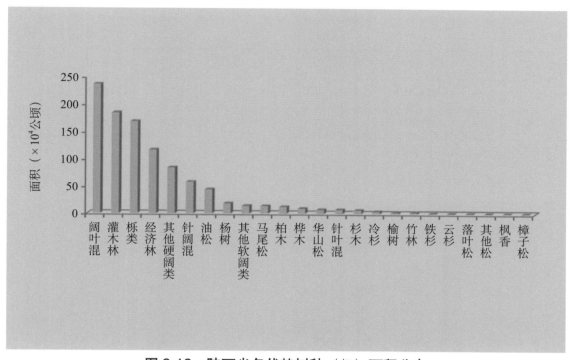

图 2-12　陕西省各优势树种（组）面积分布

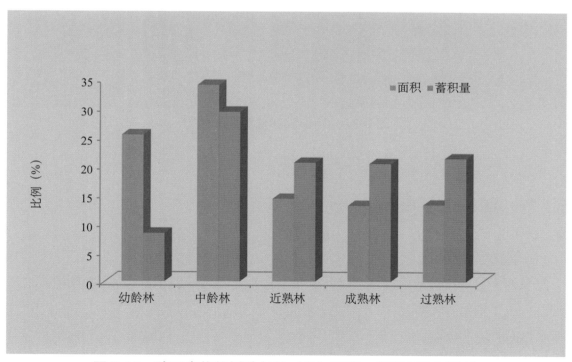

图 2-13　陕西省优势树种各龄（组）面积、蓄积量比例统计

表 2-1　陕西省优势树种各龄（组）面积蓄积量分布

	合计	幼龄林	中龄林	近熟林	成熟林	过熟林
面积 (10^4公顷)	689.50	174.93	234.04	98.53	90.54	91.46
比例（%）	100.00	25.37	33.94	14.29	13.13	13.27
蓄积量 (10^4立方米)	47589.11	3962.17	13951.57	9799.70	9712.76	10162.91
比例（%）	100.00	8.33	29.32	20.59	20.41	21.35

注：不包括灌木林、经济林和竹林。

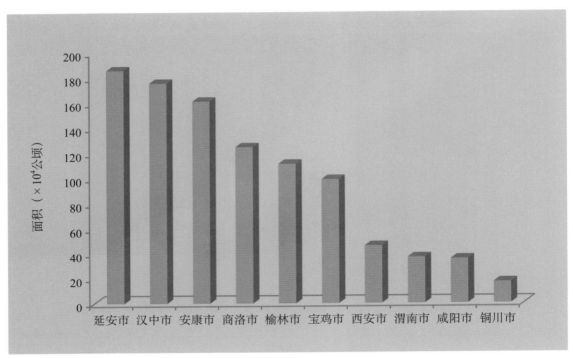

图 2-14　各市森林资源面积统计

第三节　湿地资源概况

一、湿地资源现状

　　据陕西省第二次湿地资源调查统计，面积在 8 公顷（含 8 公顷）以上的湖泊湿地、沼泽湿地、人工湿地以及宽度 10 米以上，长度 5 千米以上的河流湿地总面积 30.74 万公顷，占全省总面积的 1.49%。

二、各湿地类型的湿地面积

陕西省共有 4 大类 12 小类湿地类型，其中河流湿地面积 25.75 万公顷，占湿地总面积的 83.79%；湖泊湿地面积 0.76 万公顷，占湿地总面积的 2.47%；沼泽湿地面积 1.02 万公顷，占湿地总面积的 3.32%；人工湿地面积 3.20 万公顷，占湿地总面积的 10.42%。另据陕西省国土资源厅 2010 年统计数据，陕西省还有稻田湿地类型面积 16.51 万公顷（湿地面积中未作统计）。陕西省湿地类型面积详见表 2-2，图 2-15。

表 2-2　陕西省湿地类型面积统计

湿地类型		面积（公顷）	比例（%）
河流湿地	小计	257544.21	83.79
	永久性河流湿地	171510.02	55.80
	季节性河流湿地	18562.08	6.04
	洪泛平原湿地	67472.11	21.95
湖泊湿地	小计	7595.10	2.47
	永久性淡水湖湿地	3061.39	1.00
	永久性咸水湖湿地	2662.68	0.86
	季节性咸水湖湿地	1871.03	0.61
沼泽湿地	小计	10218.56	3.32
	草本沼泽湿地	7641.67	2.48
	内陆盐沼湿地	2273.93	0.74
	沼泽化草甸湿地	302.96	0.10
人工湿地	小计	32023.61	10.42
	库塘湿地	24306.83	7.91
	输水河	3332.08	1.08
	水产养殖场	4384.70	1.43
合　计		307381.48	100.00

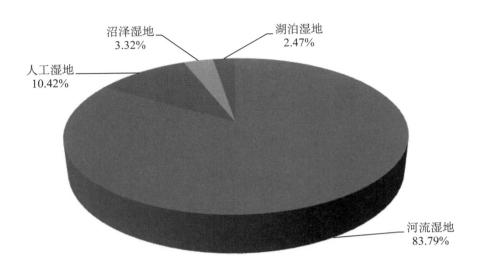

图 2-15　陕西省各类湿地类型面积结构

三、各行政区的湿地类型及面积

全省 10 个地级市湿地总面积 30.74 万公顷，其中面积排列前 3 位的市依次为渭南市、榆林市和汉中市。各地级市的湿地类型及面积见表 2-3、图 2-16。

表 2-3　陕西省各地级市湿地面积统计（公顷）

湿地类型 行政区	合计	河流湿地	湖泊湿地	沼泽湿地	人工湿地
合计	307381.48	257544.21	7595.10	10218.56	32023.61
渭南市	81151.80	70105.43	—	5300.67	5745.70
榆林市	45085.10	27317.47	7553.92	4268.86	5944.85
汉中市	39162.70	35675.65	—	302.96	3184.09
安康市	28850.28	24444.84	—	—	4405.44
商洛市	27636.84	26998.80	—	88.84	549.20
宝鸡市	26114.32	21779.13	—	17.73	4317.46
延安市	23861.36	22113.02	—	73.81	1674.53
西安市	18353.60	15232.30	41.18	156.65	2923.47
咸阳市	11543.16	8735.82	—	9.04	2798.30
铜川市	5622.32	5141.75	—	—	480.57

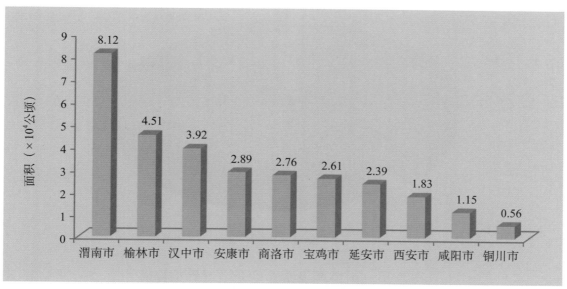

图 2-16　陕西省 10 个地级市湿地类型及面积结构

第四节　社会经济及环境质量概况

一、社会经济状况

2015 年陕西省实现生产总值 18171.86 亿元，比上年增长 8.0%（图 2-17）。其中，第一产业增加值 1597.63 亿元，增长 5.1%，占生产总值的比重为 8.8%；第二产业增加值 9360.30 亿元，增长 7.3%，占 51.5%；第三产业增加值 7213.93 亿元，增长 9.6%，占 39.7%（图 2-18）。

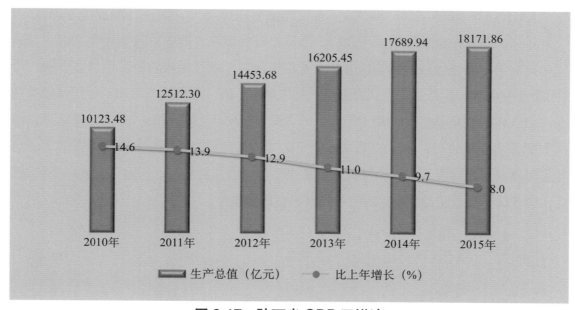

图 2-17　陕西省 GDP 及增速

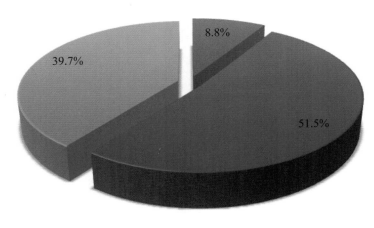

图 2-18　2015 年陕西省 GDP 三个产业构成

人均生产总值 48023 元，比上年增长 7.6%。

全年非公有制经济增加值 9695.62 亿元，占生产总值的 53.4%，比上年提升 0.7 个百分点（陕西省统计局，2015）。

二、环境质量概况

据陕西省环境保护厅统计，2015 年，10 个地级市的优良天数从多到少依次是：商洛 306 天、安康 287 天、榆林 286 天、延安 282 天、汉中 282 天、宝鸡 272 天、铜川 269 天、渭南 263 天、咸阳 258 天、西安 251 天。与 2014 年同期相比，各市（区）优良天数均有所增加。10 个地级市优良天数比例在 68.8% ~ 83.8% 之间，平均优良率为 76%，平均超标天数比例为 24%。

近年来，随着经济的发展，工业化、城镇化进程加快，能源消耗量逐年增加，导致向空气中排放的污染气体随之增加，雾霾天气越来越多，大气污染问题显得日益严峻。依据《陕西统计年鉴 2015》数据进行比较分析，结果显示：2014 年陕西省各市工业能源消耗量与工业污染气体排放量总体呈正相关趋势（表 2-4，图 2-19、图 2-20）。其中，榆林市、渭南市工业能源消耗量较高，相应的工业污染气体排放量也较高；安康市、商洛市的工业能源消耗量较低，其相应的工业污染气体排放量也较低。由此可看出，工业化程度越高的城市，工业污染气体排放量相对越高，对空气质量不良影响越大。

表 2-4　2014 年陕西省工业废气排放量

地级市	二氧化硫排放量（吨）	氮氧化物排放量（吨）	烟(粉)尘排放量（吨）
西安	62604.03	31823.37	21985.41
铜川	17261.50	36892.85	51568.83
宝鸡	28183.83	48406.42	27280.48
咸阳	57669.73	62185.37	41686.88
渭南	235067.60	141648.63	78517.14
延安	16332.14	5914.74	8363.95
汉中	28349.70	18373.76	37873.52
榆林	198408.64	154373.89	253988.99
安康	9301.29	5714.95	10776.70
商洛	18463.35	4240.97	5710.82
全省	671641.81	509574.95	537752.72

注：杨凌合并在咸阳市；数据来自于《2015 年陕西统计年鉴》。

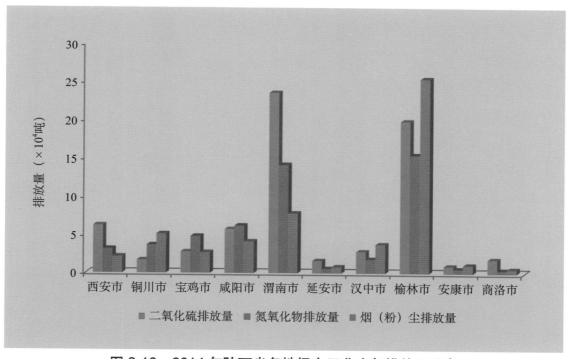

图 2-19　2014 年陕西省各地级市工业废气排放量分布

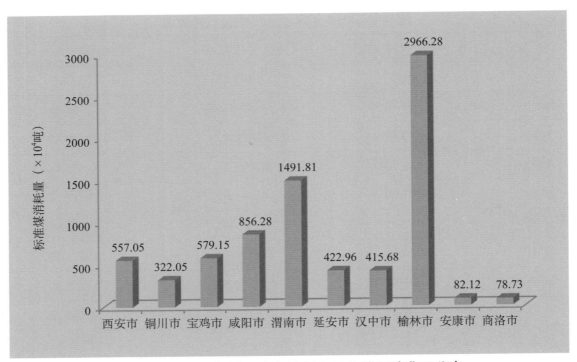

图 2-20　2014 年陕西省各地级市工业能源消费量分布

第三章
陕西省森林生态系统
治污减霾功能评估

依据中华人民共和国林业行业标准《森林生态系统服务功能评估规范》(LY/T 1721—2008)，本章对陕西省所辖的西安市、咸阳市、宝鸡市、渭南市、铜川市、榆林市、延安市、安康市、汉中市和商洛市等 10 个地级市森林生态系统治污减霾功能进行评估。森林生态系统治污减霾功能包括物质量和价值量两个部分。物质量评估结果能够直接反映森林生态系统治污减霾功能高低，揭示森林生态系统治污减霾潜能；价值量评估结果是货币值，可以将不同生态系统的同一项生态系统服务功能进行比较，也可以将各项服务功能的价值综合起来，使治污减霾功能的生态效益更加直观。

第一节　陕西省森林生态系统治污减霾功能评估结果

陕西省位于西北内陆腹地，横跨黄河和长江两大流域，是连接中国东、中部地区和西北、西南的重要枢纽。在"一带一路"的战略构想下，使陕西站在了向西开放的前沿，为新常态下陕西加快发展提供了新的契机。作为我国西北地区的经济大省，"十二五"以来陕西省经济发展承接之前的平稳较快增长，经济运行态势良好，全省经济总量不断加大，综合实力显著增强，从欠发达省份跨进中等发达省份行列。但是，经济繁荣的背后是化石能源的消耗和温室气体的排放以及对环境的严重危害。

陕西省是森林资源大省，本次评估中所涉及陕西省森林资源面积 993.04 万公顷。全省森林生态系统治污减霾功能评估结果，详见表 3-1。陕西省森林生态系统滞纳空气颗粒物总物质量为 13745.70 万吨 / 年，相当于避免了西安市整个主城区被 3.71 厘米厚的细沙粒覆盖，可见陕西省森林生态系统是一个巨大的"滞尘库"(图 3-1)。除了滞纳颗粒物，全省森林生态系统对空气污染物的吸收作用也很明显，每年吸收二氧化硫和氮氧化物总量分别为 106.76 万吨和 5.95 万吨，分别相当于陕西省 2015 年工业排放二氧化硫和氮氧化物的 1.45

倍和 9.48%（中国统计年鉴，2015）。陕西省森林生态系统滞纳悬浮颗粒物和吸收污染物效果显著，降低了区域污染，净化大气环境，对居民的身体健康意义重大，也为区域经济社会发展提供了良好生态保障。

表 3-1　陕西省森林生态系统治污减霾功能评估结果

功能项	指标		物质量	价值量
固碳释氧	固碳（10^7千克/年，10^8元/年）		1333.04	122.26
	释氧（10^7千克/年，10^8元/年）		2912.58	405.70
净化大气环境	生产负离子数（10^{22}个/年，10^8元/年）		10266.88	5.29
	吸收二氧化硫（10^4千克/年，10^8元/年）		106755.50	12.81
	吸收氟化物（10^4千克/年，10^8元/年）		3721.59	0.22
	吸收氮氧化物（10^4千克/年，10^8元/年）		5952.26	0.71
	滞尘	TSP（10^4千克/年，10^8元/年）	13710207.34	34.28
		PM_{10}（10^4千克/年，10^8元/年）	27071.13	82.13
		$PM_{2.5}$（10^4千克/年，10^8元/年）	8423.33	3929.53

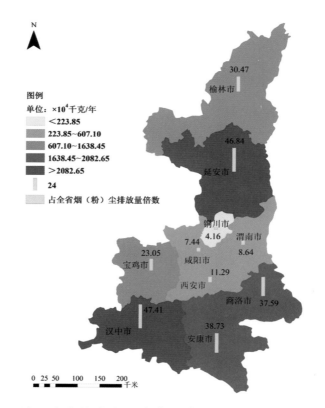

图 3-1　陕西省森林生态系统治污减霾"滞尘库"分布

从陕西省主要污染物排放来看，全省二氧化硫、氮氧化物排放量分别从 2011 年的 91.70 万吨和 83.20 万吨下降至 2015 年的 73.50 万吨和 62.74 万吨，烟（粉）尘排放量从 2011 年的 46.30 万吨增加至 2015 年的 60.36 万吨（中国环境年鉴，2012，2016），从数据变化来看，近年来陕西省主要污染物总量上有所下降，这主要与全省积极推进节能减排，提倡绿色发展有一定关系。但烟（粉）尘排放量却有所增加，以致于近些年来全省雾霾天气较多，空气中悬浮颗粒物逐年增加，因此，要在充分发挥陕西省现有森林生态系统治污减霾功能的基础上，继续发展林业，提高生态功能，为全省群众健康发挥林业应有的作用。

陕西省森林生态系统治污减霾功能总价值量为 4592.94 亿元／年，相当于 2015 年陕西省 GDP（18171.86 亿元）的 25.28%（陕西省国民经济和社会发展统计公报，2015）。从 2011 年到 2015 年，陕西省用于环境污染治理投资累计达到 1081.4 亿元，相当于陕西省平均投入每年 GDP 的 1.36%（中国环境统计年鉴，2012～2016）。不难看出，近 5 年的全省环境污染治理投资费用总和不到陕西省森林生态系统治污减霾功能总价值量的 1/4，可见陕西省森林生态系统治污减霾功能的意义重大。根据《陕西省渭河生态区建设总体规划》，陕西省将用 5 年时间，预计投资 189 亿元沿渭河两岸堤防向外侧扩展 200～1500 米，建设面积达 1000 平方千米的渭河生态区。陕西省森林生态系统净化大气环境的潜在价值相当于 20 个渭河生态区两岸堤防的建设投资。

陕西省森林生态系统治污减霾功能价值量分布中，净化大气环境功能所占比重最大，达到了 88.50%，这一比例高于第八次全国森林资源清查期间（2009～2013）中国森林生态系统服务评估（简称"第八次森林资源服务评估"）中净化大气环境功能所占总价值量的比例（"中国森林资源核算研究"项目组，2015）。这主要由于第八次森林资源服务评估滞尘价值量只对吸滞 TSP 价值进行测算，而本研究将森林滞纳 PM_{10} 和 $PM_{2.5}$ 的功能从净化大气环境功能中分离出来，并重点评估了这两项功能，其价值量占净化大气环境价值量的 98.68%，充分说明了陕西省森林生态系统在治理雾霾中发挥的巨大作用。陕西省森林生态系统通过吸滞 PM_{10} 与 $PM_{2.5}$ 降低了雾霾天气对人类及人类健康造成的干扰和危害。

森林生态系统是地球陆地生态系统的主体，是陆地碳的主要储存库。森林对现在及未来陆地生态系统的碳平衡都具有重要影响。陕西省森林生态系统固碳总量为 1333.04 万吨／年。二氧化碳固定量，能够抵消陕西省 2015 年因能源消耗所排放二氧化碳总量的 16.07%（陕西统计年鉴，2016），因此，陕西省森林生态系统充分发挥了"碳库"作用（图 3-2）。陕西省经济开发仍以能源消耗煤炭和薪炭为主，随着经济增长速度的加快，能源消费也在增加，碳排放量增速较快，森林是大气二氧化碳的一个重要碳汇地，陕西森林生态系统固碳功能对保障陕西区域发展低碳经济、推进节能减排、建设生态文明具有重大意义。

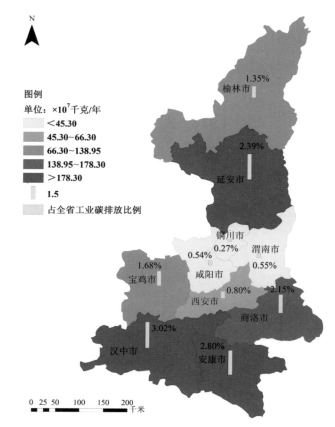

图 3-2　陕西省森林生态系统治污减霾"碳库"分布

　　陕西省能源消费总量由 2005 年的 5571.34 万吨标准煤增长到 2015 年的 11715.85 万吨标准煤（陕西统计年鉴，2006，2016），年均增长 7.70%。与同期 GDP 年均增长 12.90% 相比，总体上来说，陕西能源消费与 GDP 增长趋势基本一致，能耗增长慢于 GDP 增长。从能源消费构成来看，2015 年陕西能源消费构成中煤炭仍占据主导，占比为 72.73%，虽较 2005 年下降了 4.88%，但仍高于全国同期 8.73%（中国统计年鉴，2016）。因此，陕西省在经济发展过程中，仍然要把低碳经济作为全省经济发展的主要方向，在追求经济效益的同时也要注意生态效益的平衡，将林业发展作为生态建设的重要部分，充分发挥森林碳汇功能，为陕西省发展低碳经济提供保障。

第二节　陕西省森林生态系统治污减霾功能物质量评估结果

一、各地级市森林生态系统治污减霾功能物质量

　　根据《森林生态系统服务功能评估规范》（LY/T 1721—2008）的评价方法，得出陕西省 10 个地级市森林生态系统固碳释氧、净化大气环境 2 个类别 9 个分项的治污减霾物质量见表 3-2

表 3-2 陕西省各地级市治污减霾物质量评估结果

地级市	固碳 (10^{7}千克/年)	释氧 (10^{7}千克/年)	负离子 (10^{22}个/年)	吸收二氧化硫量 (10^{4}千克/年)	吸收氟化物量 (10^{4}千克/年)	吸收氮氧化物量 (10^{4}千克/年)	滞尘量		
							TSP (10^{4}千克/年)	PM$_{10}$ (10^{4}千克/年)	PM$_{2.5}$ (10^{4}千克/年)
安康	231.95	513.10	2099.02	17474.92	647.88	964.30	2074213.32	6430.60	2003.63
汉中	250.63	553.45	2299.15	20221.96	647.50	1053.86	2540168.89	6999.70	2080.96
商洛	178.31	393.89	1645.22	15754.01	409.66	751.79	2014931.44	5037.52	1398.84
榆林	112.34	229.28	212.96	10071.20	447.55	667.97	1637654.28	554.62	274.92
延安	242.77	530.53	1833.62	19853.77	711.41	1115.88	2515272.51	2659.81	858.16
西安	66.29	146.43	523.93	4856.95	181.29	275.86	605535.54	1203.08	380.86
渭南	45.31	96.69	207.03	3621.07	104.89	220.82	463523.63	609.35	233.34
宝鸡	138.95	305.87	1061.23	9929.51	406.28	586.87	1236388.84	2560.73	812.75
铜川	21.98	47.47	143.63	1625.42	66.01	101.88	223386.73	365.27	126.72
咸阳	44.51	95.87	241.09	3346.69	99.12	213.03	399132.16	650.45	253.15
合计	1333.04	2912.58	10266.88	106755.50	3721.59	5952.26	13710207.34	27071.13	8423.33

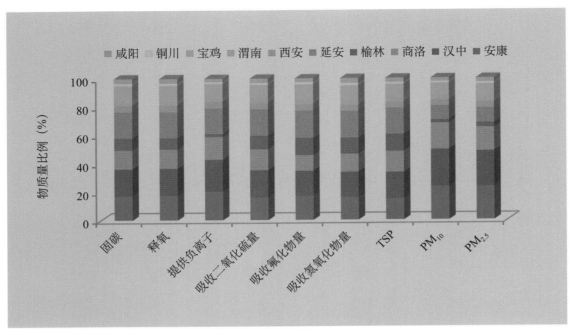

图 3-3 陕西省各地级市森林治污减霾功能物质量分布

和图 3-3。

固碳释氧：固碳量和释氧量最高的 3 个市均为汉中市、延安市和安康市，分别占全省森林生态系统固碳总量和释氧总量的 54.41% 和 54.83%；最低的 3 个市为渭南市、咸阳市和铜川市，仅占全省固碳总量的 8.39% 和释氧总量的 8.24%（图 3-4 和图 3-5）。

森林固碳机制是森林通过光合作用过程吸收二氧化碳，并蓄积在树干、根部及枝叶等部分，从而抑制大气中二氧化碳浓度的上升，有力地起到了绿色减排的作用。森林生态系统具有较高的碳储存密度，即与别的土地利用方式相比，单位面积内可以储存更多的有机碳。因而，提高森林碳汇功能是降低空气中二氧化碳浓度非常有效的途径。

陕西省各地级市森林生态系统固碳量与其工业碳排放量相比，位于陕南地区的汉中市、安康市和商洛市森林生态系统固碳量抵消其工业碳排放量均在 50% 以上，一方面是由于陕西省工矿企业主要集中在关中平原区以及陕北榆林市，陕南各地级市污染源少；另一方面，陕南山区由于独特的地理环境和自然条件，森林资源丰富，森林覆盖率高，森林生态系统固碳功能一定程度上解决了本区域内自然资源、生态环境与可持续发展之间的矛盾。

需要注意的是，陕西省经济活跃的关中地区由于人为干扰较多，原始森林植被遭到严重的破坏，大面积营造经济林，防护林比例较低，而经济林的生态效益远低于防护林，所以，本区域内应该改变现有的林分类型比例，适量加大生态林比例，逐步提高其固碳能力。陕南秦岭山区森林生态系统固碳量高，也就表明本区域内森林生态系统净初级生产力较大。因此，陕南地区的森林生态系统除了自身的固碳作用外可以抵消部分工业碳排放。

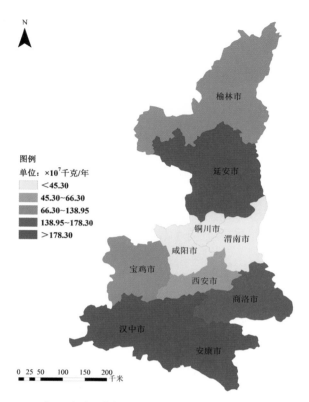

图 3-4　陕西省各地级市森林生态系统固碳量分布

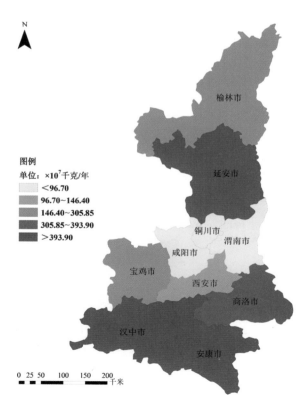

图 3-5　陕西省各地级市森林生态系统释氧量分布

　　净化大气环境：产生负离子量最高的 3 个市为汉中市、安康市和延安市，占全省总量的 60.70%；最低的 3 个市为榆林市、渭南市和铜川市，占全省森林提供负离子总量的 5.49% （图 3-6）。这个结果的产生的最直接原因一方面是汉中市、安康市和延安市的森林资源面积较大，提供负氧离子总量大；另一方面受到优势树种种类的影响，单位面积林地内乔木林提供负离子浓度大于经济林和灌木林。

　　随着森林生态旅游的兴起及人们保健意识的增强，空气负离子作为一种重要的森林旅游资源已越来越受到人们的重视。森林环境中的空气负离子浓度高于城市居民区的空气负离子浓度，人们到森林游憩区旅游的一个重要目的是去那里呼吸清新的空气。有研究表明，陕西省秦岭山区空气负离子浓度明显高于关中地区和陕北地区，甚至秦岭山区很多地方负离子达到"天然氧吧"的标准，这主要得益于秦岭山区植被类型丰富，森林植被覆盖率高，水文条件良好。

　　吸收污染物最高的是汉中市、延安市和安康市，占全省总量的 53.85%；最低的 3 个市为渭南市、咸阳市和铜川市，仅占全省总量的 8.07%（图 3-7 至图 3-9）。森林有吸附、吸收污染物或阻碍污染物扩散的作用。森林的这种作用是通过两种途径实现的：一方面树木通过叶片吸收大气中的有害物质，降低了大气有害物质的浓度；另一方面树木能使某些有害物质在体内分解，转化为无害物质后代谢利用。

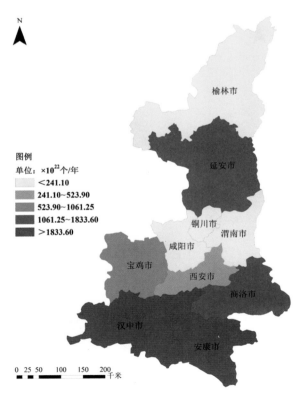

图例
单位：×10²²个/年
< 241.10
241.10 ~ 523.90
523.90 ~ 1061.25
1061.25 ~ 1833.60
> 1833.60

图 3-6　陕西省各地级市森林生态系统提供负离子量分布

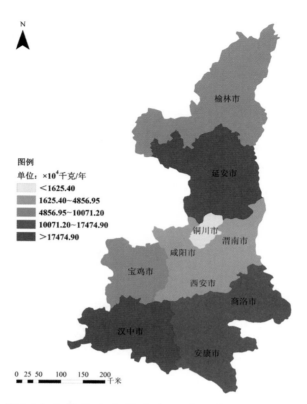

图 3-7　陕西省各地级市森林生态系统吸收二氧化硫量分布

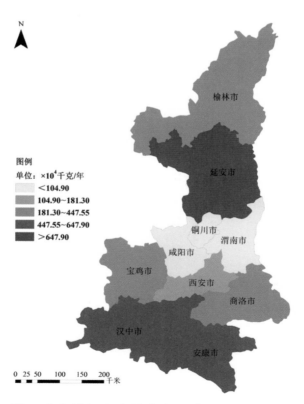

图 3-8　陕西省各地级市森林生态系统吸收氟化物量分布

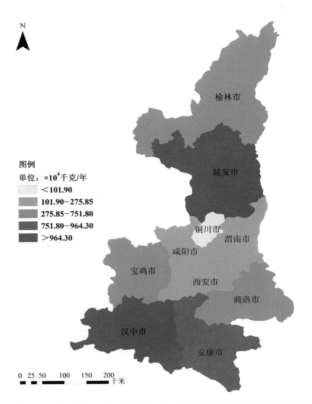

图 3-9　陕西省各地级市森林生态系统吸收氮氧化物量分布

氮氧化物是大气污染的重要组成成分，它会破坏臭氧层，从而改变紫外线辐射的强度。另外，大气中的氮氧化物还是产生酸雨的重要来源，酸雨对生态环境的影响已经广为人知。陕西省森林生态系统吸收氮氧化物功能可以减少空气中的氮氧化物含量，降低酸雨发生的可能性。渭南市作为陕西酸雨的高发区，应加大森林资源面积，提高森林生态服务功能，可以间接地减少酸雨的危害，保护文化古迹和民众健康。

滞尘：滞尘量最高的 3 个市为汉中市、延安市和安康市，占全省总量的 52.02%；滞尘量最低的 3 个市为渭南市、咸阳市和铜川市，仅占全省总量的 7.92%（图 3-10）。滞纳 PM_{10} 最高的三个市为汉中市、安康市和商洛市，占全省总量的 68.22%；滞纳 PM_{10} 最低的 3 个市为渭南市、榆林市和铜川市，仅占全省总量的 5.65%（图 3-11）。滞纳 $PM_{2.5}$ 最高的 3 个市为汉中市、延安市和安康市，占全省总量的 65.10%；滞纳 $PM_{2.5}$ 最低的 3 个市为咸阳市、渭南市和铜川市，仅占全省总量的 7.28%（图 3-12）。造成这个结果的原因是多方面的，首先是森林资源面积，相同树种面积较大时滞纳的物质量较多；其次是树种组成，研究发现单位面积针叶林滞纳颗粒物能力大于阔叶林（张维康，2015）。汉中市、延安市和安康市的森林资源面积占全省森林资源面积的比例超过 16.00%，且针叶林树种占据很大比例，因此，这几个地级市森林生态系统减霾功能较强。

森林的滞尘作用表现在两个方面：一方面由于森林茂密的林冠结构，可以起到降低风速

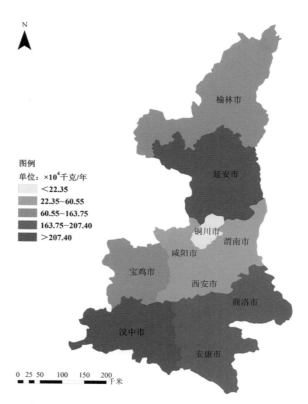

图 3-10　陕西省各地级市森林生态系统滞纳 TSP 量分布

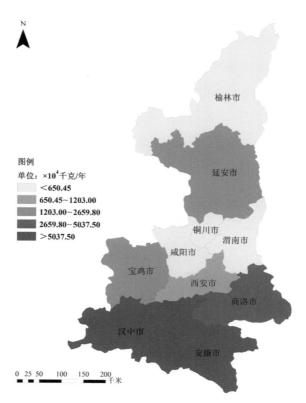

图 3-11　陕西省各地级市森林生态系统滞纳 PM_{10} 量分布

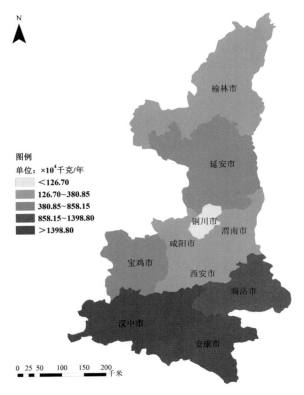

图 3-12　陕西省各地级市森林生态系统滞纳 $PM_{2.5}$ 量分布

的作用。随着风速的降低，空气中携带的大量空气颗粒物会加速沉降；另一方面，由于植物的蒸腾作用，树冠周围和森林表面湿度较大，使空气颗粒物降落较容易被吸附，最重要的还是因为树体蒙尘之后，经过降水的淋洗滴落作用，植物又恢复了滞尘能力。受污染的空气经过森林反复净化后，变成清洁的空气。

近年来，在省政府的相关政策指导下，陕西省雾霾天气数量有所减少，但也会爆发持续性严重雾霾天气。2015 年全省 10 个市环境空气质量优良天数为 251 ～ 306 天，优良率 75.51%。超标天数中，轻度污染占 16.79%，中度污染占 3.95%，重度污染占 3.29%，严重污染占 0.47%。陕西省应该充分发挥森林生态系统治污减霾的作用，调控区域内空气中颗粒物含量（尤其是 $PM_{2.5}$），有效地遏制雾霾天气的发生。另外，陕西省陕南地区的森林生态系统吸附滞纳颗粒物功能较强，有效地消减了空气中颗粒物含量，维护了良好的空气环境，提高了区域内森林旅游资源的质量。

二、各优势树种治污减霾功能物质量

依据第一章提到的评估方法得到陕西省不同优势树种治污减霾物质量评估结果如表 3-3 所示，可以看出，陕西省各优势树种治污减霾功能物质量的分布格局具有明显的差异性。

表3-3 陕西省各优势树种（组）治污减霾功能物质量评估结果

优势树种	固碳 (10⁷千克/年)	释氧 (10⁷千克/年)	负离子 (10²²个/年)	吸收二氧 化硫量 (10⁴千克/年)	吸收氟 化物量 (10⁴千克/年)	吸收氮氧 化物量 (10⁴千克/年)	TSP (10⁴千克/年)	滞尘量 PM₁₀ (10⁴千克/年)	PM₂.₅ (10⁴千克/年)
冷杉	4.89	10.54	98.87	292.27	6.52	11.90	38863.20	131.67	19.53
云杉	0.81	1.74	12.71	48.68	1.08	1.92	6441.99	24.85	3.57
铁杉	1.68	3.84	19.19	85.11	4.47	5.76	9677.32	45.58	6.70
落叶松	0.96	2.13	8.68	137.98	0.32	3.84	20306.32	38.75	6.94
樟子松	0.45	1.00	2.09	69.06	0.18	1.98	10232.85	6.17	0.98
油松	69.26	155.86	401.76	9590.90	25.35	273.43	1427365.70	1833.91	189.38
华山松	10.88	24.42	69.80	1520.64	4.22	43.30	225596.25	347.01	40.73
马尾松	21.22	47.61	292.79	2963.13	6.88	82.50	440650.91	755.36	106.22
其他松类	0.93	2.08	5.60	137.98	0.32	3.84	20391.92	16.03	1.65
杉木	7.66	16.46	50.54	1311.46	3.23	36.48	193651.97	261.65	38.37
柏木	13.37	27.85	92.04	2626.56	6.08	72.96	386912.24	334.15	49.58
栎类	233.34	512.98	4134.24	14943.72	783.84	1011.42	1695418.49	6658.26	2163.75
桦木	13.89	31.22	88.50	794.30	26.88	53.76	90065.43	323.23	110.68
榆树	3.68	8.37	16.10	198.24	6.72	13.44	222502.43	106.56	26.19
枫香	1.31	3.09	10.18	70.72	1.92	3.84	8430.99	13.16	3.86
其他硬阔类	138.38	314.76	857.34	7480.34	396.63	506.34	849522.02	3069.99	1012.82

（续）

优势树种	固碳 (10⁷千克/年)	释氧 (10⁷千克/年)	负离子 (10²²个/年)	吸收二氧 化硫量 (10⁴千克/年)	吸收氟 化物量 (10⁴千克/年)	吸收氮氧 化物量 (10⁴千克/年)	滞尘量		
							TSP (10⁴千克/年)	PM₁₀ (10⁴千克/年)	PM₂.₅ (10⁴千克/年)
杨树	31.13	71.20	168.13	1642.86	85.78	111.18	186617.08	128.03	37.30
其他软阔类	20.23	44.72	141.40	1248.63	65.75	83.77	141561.28	507.12	224.09
针叶混交林	8.70	18.57	39.21	1514.97	3.52	42.18	224254.88	304.58	49.07
阔叶混交林	344.89	766.11	2596.60	20953.31	1099.07	1418.16	2378335.01	8165.92	2624.92
针阔混交林	100.30	229.98	572.99	12215.70	174.51	349.02	1219470.20	1688.56	411.24
经济林	126.14	260.71	395.46	10378.26	151.01	702.42	1145487.08	1143.79	655.15
竹林	4.06	9.36	18.62	198.69	10.64	13.44	22491.98	60.41	26.81
灌木林	174.88	347.98	174.04	16331.99	856.67	1105.38	2945959.80	1106.39	613.80
合计	1333.04	2912.58	10266.88	106755.5	3721.59	5952.26	13710207.34	27071.13	8423.33

固碳和释氧：固碳量最高的 3 种优势树种（组）为阔叶混交林、栎类和灌木林，其固碳量之和占全省总量的 54.50%；最低的 3 种优势树种（组）为其他松类、云杉和樟子松，其固碳量之和仅占全省总量的 0.16%（图 3-13）。释氧量最高的 3 种优势树种（组）同样为阔叶混交林、栎类和灌木林，释氧量之和占全省总量的 55.86%；最低的 3 种优势树种（组）为其他松类、云杉和樟子松，仅占全省总量的 0.17%（图 3-14）。从以上数据可以得出陕西省阔叶混交林、栎类和灌木林在固碳释氧方面的作用显得尤为突出，可以有效地调节空气中二氧化碳浓度。这种现象主要是由各优势树种分布面积的差异造成的。通过资源数据可知，灌木林面积占全省森林资源面积的比例高达 18.55%。此外，各优势树种固碳释氧能力有其自身的特性，树木生长区立地条件及林龄等因素也会影响其固碳释氧能力。

提供负离子：各优势树种提供负离子功能差别较大，其中提供负离子量最多的 3 个优势树种（组）为栎类、阔叶混交林和其他硬阔类，分别为 4134.24×10^{22} 个/年、2596.60×10^{22} 个/年和 857.34×10^{22} 个/年，占全省森林提供负离子总量的 73.91%；最低的 3 个优势树种（组）为落叶松、其他松类和樟子松，分别为 8.68×10^{22} 个/年、5.60×10^{22} 个/年和 2.09×10^{22} 个/年，仅占全省森林提供负离子总量的 0.16%（图 3-15）。这主要与不同优势树种分布面积有关，此外还与林分的立地条件及树种本身的叶片形态与活力相关。

吸收污染物：各优势树种吸收污染物的功能也存在较大差别，其中吸收污染物最多的 3 个优势树种（组）为阔叶混交林、灌木林和栎类，分别为 2.35 亿千克/年、1.83 亿千克/年

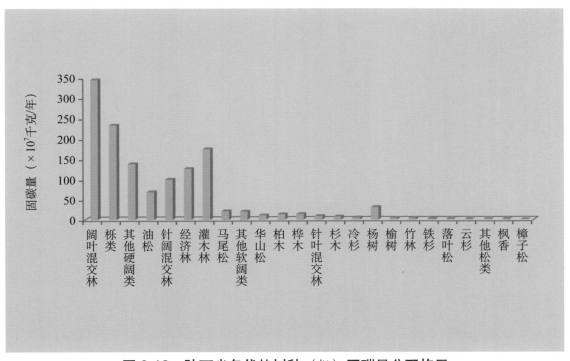

图 3-13　陕西省各优势树种（组）固碳量分配格局

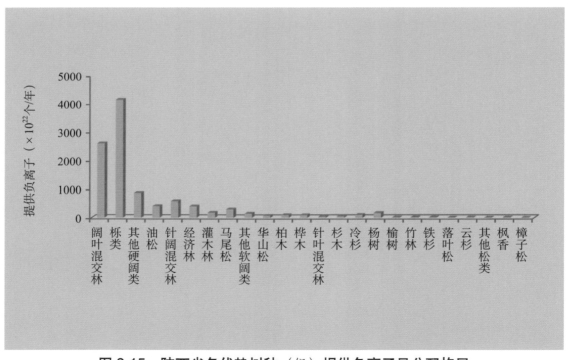

图 3-14　陕西省各优势树种（组）释氧量分配格局

图 3-15　陕西省各优势树种（组）提供负离子量分配格局

和 1.67 亿千克／年，占陕西省森林吸收污染物总量的 50.38%；最低的 3 个优势树种（组）为枫香、樟子松和云杉，分别为 76.48 万千克／年、71.22 万千克／年和 51.68 万千克／年，仅占全省森林吸收污染物总量的 0.17%（图 3-16 至图 3-18）。这主要与各优势树种（组）分布面积有关，此外，不同树种生理结构和新陈代谢特征也会影响其吸收污染物的功能。

滞纳大气颗粒物：各优势树种对大气颗粒物的滞纳功能存在显著差异。滞纳大气颗粒物量最高的 3 个优势树种（组）为灌木林、阔叶混交林和栎类，分别为 294.77 亿千克／年、238.91 亿千克／年和 170.42 亿千克／年，占陕西省森林滞纳大气颗粒物总量的 51.22%；最低的 3 个优势树种组为铁杉、枫香和云杉，分别为 0.84 亿千克／年、0.65 亿千克／年和 0.32 亿千克／年，仅占全省森林滞纳大气颗粒物总量的 0.17%（图 3-19 至图 3-21）。这主要与优势树种的分布及面积有关，此外，不同树种的叶片特性和结构不同，滞纳颗粒物的功能也会表现出显著差异，针叶树种单位面积滞纳空气颗粒物量大于阔叶树种（张维康，2015）。

从 2011 年到 2015 年，5 年时间里，陕西省造林面积累计达 170.45 万公顷，其中，人工造林面积累计达 110.53 万公顷，飞播造林面积累计达 19.97 万公顷，无林地和疏林地新封山育林面积累计达 34.75 万公顷（中国环境统计年鉴，2012～2016）。陕西省近些年来大面积的造林活动充分体现了省委省政府及省林业厅大力推行陕西省生态环境建设，创建林业生态新格局的决心和行动力，为陕西省森林生态系统治污减霾功能的不断提升创造良好条件。

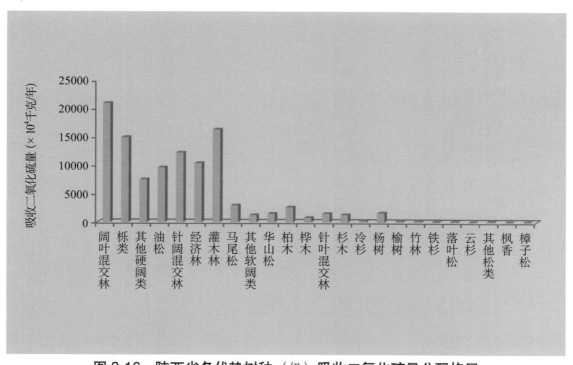

图 3-16　陕西省各优势树种（组）吸收二氧化硫量分配格局

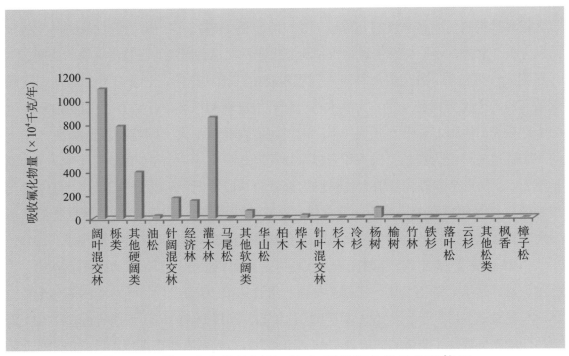

图 3-17　陕西省各优势树种（组）吸收氟化物量分配格局

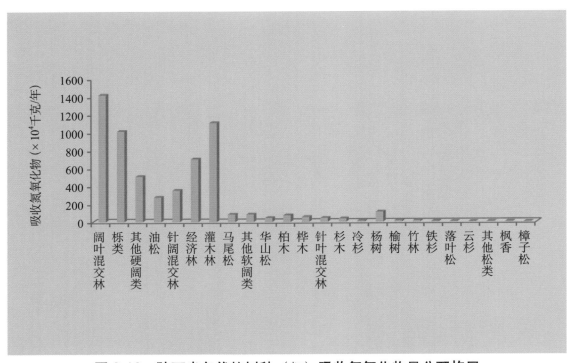

图 3-18　陕西省各优势树种（组）吸收氮氧化物量分配格局

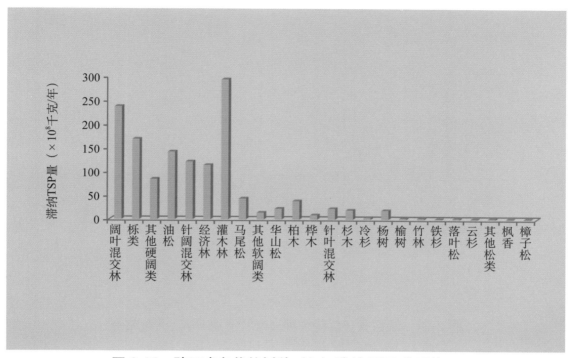

图 3-19　陕西省各优势树种（组）滞纳 TSP 分配格局

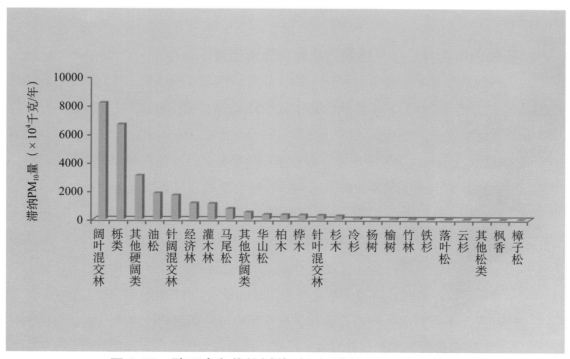

图 3-20　陕西省各优势树种（组）滞纳 PM₁₀ 分配格局

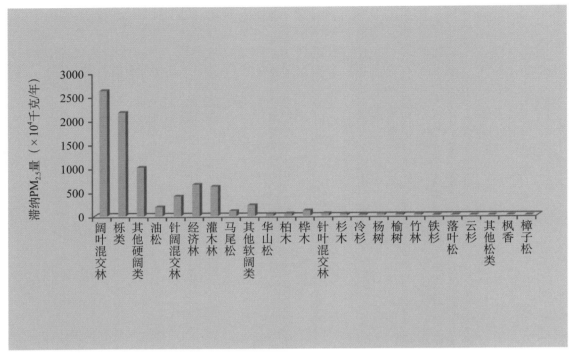

图 3-21　陕西省各优势树种（组）滞纳 $PM_{2.5}$ 分配格局

第三节　陕西省森林生态系统治污减霾功能价值量评估结果

一、各地级市森林生态系统治污减霾功能价值量

陕西省各地级市森林生态系统治污减霾功能总价值量见表 3-4、图 3-22。全省森林治污减霾功能总价值量为 4592.94 亿元，其中汉中市最高，为 1102.28 亿元 / 年，占全省的 23.99%；其次是安康市，为 1055.53 亿元 / 年，占全省的 22.98%；铜川市最低，为 69.69 亿元 / 年，占全省的 1.52%。除了各地级市森林面积的差异之外，各地级市树木种植类型、林分立地条件、林龄等因素也对其森林治污减霾功能价值量有显著影响。此外，森林治污减霾功能还与降水因素有很大关系，陕南地区各地级市受气候影响，年降雨大于 15 毫米天气较多，颗粒物洗脱次数多；陕北地区相对降雨较少，洗脱次数也较少。

陕西省废气治理设施运行费用从 2011 年的 22.39 亿元提高到 2015 年 42.58 亿元（中国环境统计年鉴，2012, 2016）。陕西省林业投资完成金额从 2011 年的 49.82 亿元增加到 2015 年的 114.41 亿元。不难看出，陕西省森林生态系统治污减霾功能价值量远远高于这两种投资金额，因此，充分体现了陕西省森林生态系统治污减霾功能的巨大作用。

固碳释氧：陕西省森林生态系统固碳释氧总价值量为 527.96 亿元 / 年，其中汉中市、延

表3-4 陕西省各地级市森林治污减霾功能价值量（×10⁴元／年）

地级市	固碳释氧		净化大气环境			合计
	固碳	释氧	提供负离子	吸收污染物	滞尘	
安康	212742.08	714708.60	11201.31	22515.75	9594113.34	10555281.08
汉中	229874.03	770939.44	12334.56	25919.44	9983712.14	11022779.61
商洛	163540.00	548642.96	8779.80	20052.73	6728919.61	7469935.10
宝鸡	127453.07	426065.59	5346.33	12863.43	3899603.45	4471331.87
渭南	41561.09	134691.20	920.14	4673.18	1118641.37	1300486.98
西安	60796.11	203956.94	2643.29	6268.18	1828452.71	2102117.23
咸阳	40816.48	133518.92	1124.31	4331.16	1210750.45	1390541.32
铜川	20148.08	66107.21	722.41	2112.37	607844.38	696934.45
延安	222652.91	738980.49	9181.34	25590.47	4147034.72	5143439.93
榆林	103048.96	319358.76	668.81	13155.55	1340347.11	1776579.19
合计	1222632.81	4056970.11	52922.30	137482.26	40459419.28	45929426.76

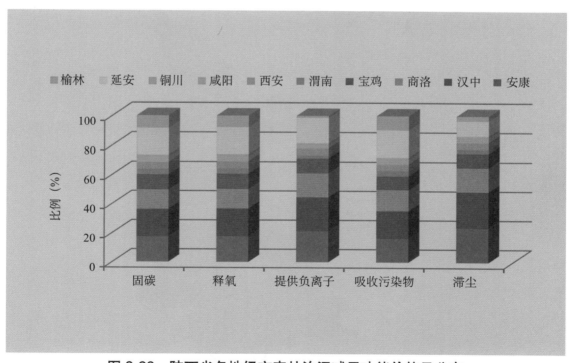

图3-22 陕西省各地级市森林治污减霾功能价值量分布

安市和安康市的价值量最高，分别为 100.08 亿元 / 年，96.16 亿元 / 年和 92.75 亿元 / 年，占陕西省森林固碳释氧总价值量的 57.74%；最低的三个市为渭南市、咸阳市和铜川市，分别为 17.63 亿元 / 年、17.43 亿元 / 年和 8.63 亿元 / 年，占全省总价值的 8.27%（图 3-23）。通过换算可知，陕西省森林生态系统所固定的碳如果通过工业减排的方式来实现，那么其减排费用接近 4785.61 亿元，占陕西省 2015 年 GDP 的 26.34%。由此可以看出，森林绿色碳库所创造的固碳价值远远大于其投资成本。

　　净化大气环境：陕西省森林生态系统净化大气环境总价值量为 4064.98 亿元 / 年，其中价值量最高的三个市为汉中市、安康市和商洛市，价值量分别为 1002.20 亿元 / 年，962.78 亿元 / 年和 675.78 亿元 / 年，占陕西省森林净化大气环境总价值量的 64.95%（图 3-24 至图 3-26）。主要原因在于：首先，受森林资源面积影响，森林资源面积与其生态功能呈正相关关系；其次，受优势树种组影响，单位面积针叶树种的净化大气环境能力要大于阔叶树种。森林生态系统净化大气环境功能即为林木通过自身的生长过程，从空气中吸收污染气体，在体内经过一系列的转化过程，将吸收的污染气体降解后排出体外或者储存在体内。此外，林木通过林冠层的作用，加速颗粒物的沉降或者吸附滞纳在叶片表面，进而起到净化大气环境的作用，极大地降低了空气污染物对人体的危害。

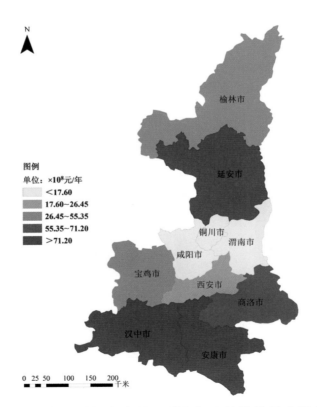

图 3-23　陕西省各地级市森林固碳释氧功能价值量空间分布

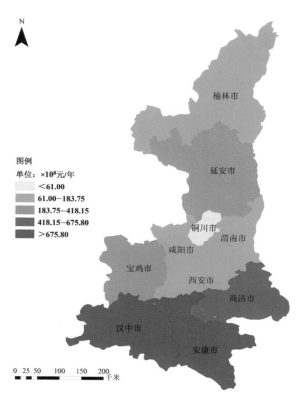

图 3-24 陕西省各地级市森林净化大气环境功能价值量空间分布

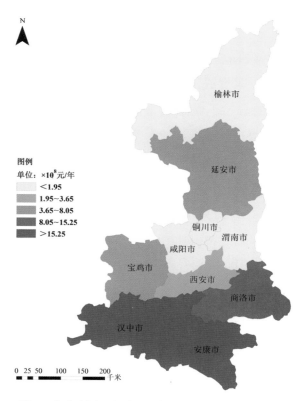

图 3-25 陕西省各地级市森林滞纳 PM$_{10}$ 价值量空间分布

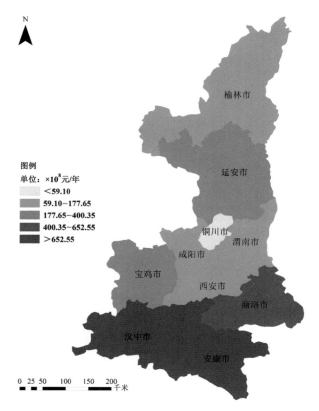

图 3-26　陕西省各地级市森林滞纳 $PM_{2.5}$ 价值量空间分布

二、各优势树种治污减霾功能价值量

各优势树种治污减霾功能价值量差异较大（表 3-5，图 3-27），阔叶混交林、栎类和其他硬阔类各项服务功能的总价值量最高，分别为 1398.16 亿元 / 年、1132.13 亿元 / 年和541.84 亿元 / 年，该 3 个优势树种（组）治污减霾总价值量占全省森林治污减霾总价值量的66.89%；云杉、其他松类和樟子松的治污减霾功能价值量最小，仅占全省价值量的 0.08%。

固碳释氧：固碳释氧功能价值量最高的 3 个优势树种（组）为阔叶混交林、灌木林和栎类，分别为 138.35 亿元 / 年、92.86 亿元 / 年和 64.51 亿元 / 年，占全省固碳释氧价值量的56.01%；最低的 3 个优势树种（组）为其他松类、云杉和樟子松，分别为 0.37 亿元 / 年、0.32亿元 / 年和 0.18 亿元 / 年，仅占陕西省固碳释氧总价值量的 0.17%（图 3-28）。这主要是由于优势树种（组）的面积决定的，不同优势树种的面积大小排序与其固碳释氧价值量大小排序呈正相关关系；其次与不同树种的生产力相关，阔叶林相对于针叶林年均生产力更高。

净化大气环境：净化大气环境功能价值量最高的 3 个优势树种（组）为阔叶混交林、栎类和其他硬阔类，分别为 1259.81 亿元 / 年、1039.27 亿元 / 年和 485.31 亿元 / 年，占陕西省净化大气环境总价值量的 68.50%；最低的 3 种优势树种（组）为云杉、其他松类和樟子松，

表 3-5 陕西省各优势树种（组）治污减霾功能价值量（×10⁴ 元/年）

优势树种	固碳释氧		净化大气环境			合计
	固碳	释氧	提供负离子	吸收污染物	滞尘	
冷杉	4489.01	14671.62	577.80	368.92	96060.79	116168.14
云杉	742.95	2424.05	75.00	61.36	17575.46	20878.82
铁杉	1535.16	5346.71	114.09	111.71	32880.06	39987.73
落叶松	877.32	2970.40	39.56	170.38	34040.37	38098.03
樟子松	413.55	1395.02	6.99	85.36	4994.48	6895.40
油松	63520.37	217106.41	1739.91	11852.41	974788.57	1269007.67
华山松	9981.94	34021.64	269.38	1879.27	206225.23	252377.46
马尾松	19465.40	66324.19	1732.96	3658.88	529495.60	620677.03
其他松	854.82	2890.83	23.51	170.38	8717.11	12656.65
杉木	7032.60	22925.09	209.10	1619.46	191777.46	223563.71
柏木	12265.33	38800.79	366.26	3243.07	251172.00	305847.45
栎类	214012.78	714553.31	24281.47	19616.49	10348765.09	11321229.14
桦木	12738.17	43473.86	357.26	1033.79	512820.89	570423.97
榆树	3373.63	11664.10	61.44	258.04	126022.40	141379.61
枫香	1206.08	4307.07	56.24	90.62	18607.11	24267.12
其他硬阔类	126918.63	438429.36	3852.79	9821.99	4839381.85	5418404.62
椴树	28540.56	99158.65	627.66	2156.36	182500.60	312983.83
杨树	18540.31	62273.19	646.38	1638.30	1064320.78	1147418.96
泡桐	7968.82	25863.82	183.31	1870.68	243664.85	279551.48
其他软阔类	316337.01	1067136.91	12960.94	27505.21	12557659.18	13981599.25
针叶混交林	92004.46	320345.04	2706.06	15182.37	2000193.93	2430431.86
阔叶混交林	115709.94	363146.09	1468.42	13387.43	3119647.20	3613359.08
针阔混交林	3719.03	13032.61	83.16	260.93	127438.36	144534.09
经济林	160384.94	484709.35	482.61	21438.85	2970669.91	3637685.66
合计	1222632.81	4056970.11	52922.30	137482.26	40459419.28	45929426.76

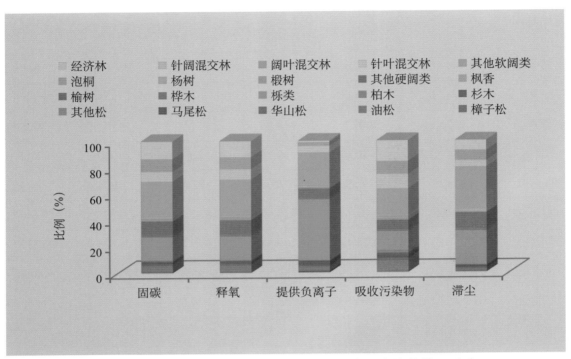

图 3-27　陕西省各优势树种（组）治污减霾功能价值量分布

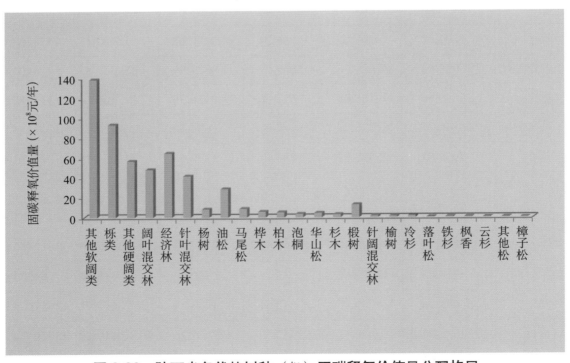

图 3-28　陕西省各优势树种（组）固碳释氧价值量分配格局

分别为 1.77 亿元 / 年、0.89 亿元 / 年和 0.51 亿元 / 年，仅占陕西省净化大气环境总价值量的 0.08%（图 3-29 至图 3-31）。以上结果的出现有多种因素，首先是由于森林资源面积影响森林资源面积与其价值量成正比例关系；其次是不同树种单位面积滞纳颗粒能力不同。研究发现，单位面积滞尘能力针叶林树种＞阔叶林树种。森林生态系统净化大气环境功能即为林木在自身的生长过程，从空气中吸收污染气体，在体内经过一系列的转化过程，将吸收的污染气体降解后排出体外或者储存在体内；另一方面，由于森林茂密的林冠结构，可以起到降低风速的作用。随着风速的降低，空气中携带的大量空气颗粒物会加速沉降；最后，由于植物的蒸腾作用，使树冠周围和森林表面保持较大湿度，使空气颗粒物容易降落吸附。最重要的还因为树体蒙尘之后，经过降水的淋洗滴落作用，使得植物又恢复了滞尘能力（牛香，2017）。

据统计，新一轮退耕还林工程正式启动后，陕西省 2014 年和 2015 年分别落实工程建设任务 4 万公顷和 5.51 万公顷。天然林保护工程进一步落实管护责任、健全管理体系，管护效果良好。截至 2014 年，"全面治理荒沙三年行动"累计完成荒沙治理 20.27 万公顷，2015 年新增治理沙化土地 7.38 万公顷（中国林业年鉴，2015, 2016）。其中，针对退耕还林工程和天然林保护工程，陕西省 2015 年完成建设投资合计 45.01 亿元（中国环境统计年鉴，2016）。林业生态工程建设对全省森林质量的提升和森林资源的增加都起到积极的作用，进而也在为不断提升全省森林生态系统治污减霾功能作出贡献。

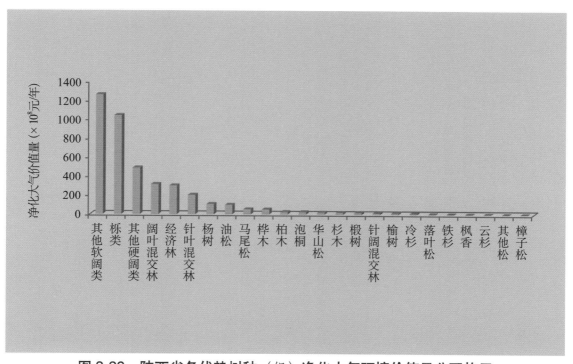

图 3-29　陕西省各优势树种（组）净化大气环境价值量分配格局

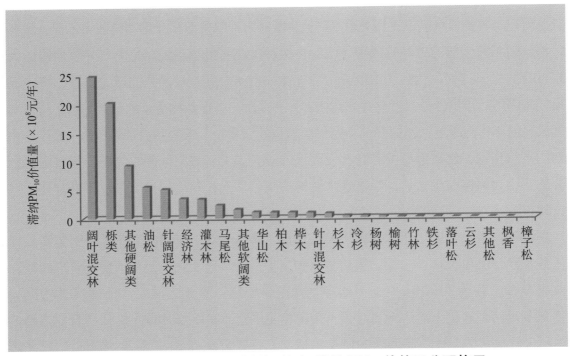

图 3-30　陕西省各优势树种（组）滞纳 PM₁₀ 价值量分配格局

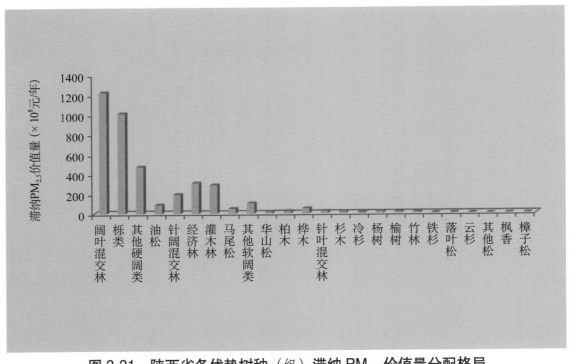

图 3-31　陕西省各优势树种（组）滞纳 PM₂.₅ 价值量分配格局

第四章

陕西省典型区域森林治污减霾功能与自然环境要素关系

本章将在区域尺度上，依照中华人民共和国林业行业标准《森林生态系统服务功能评估规范》（LY/T 1721—2008），对陕西省 3 个典型区域（秦岭山区、关中平原区和陕北黄土高原风沙区）森林治污减霾功能开展评估，并探讨这 3 个典型区域森林治污减霾功能的特征与区域自然地理环境要素之间的因果关系。

陕西省在地质地貌综合结构上明显形成了三大区域，即由黄土沉积物形成的陕北黄土高原风沙区，由渭河干支流冲积作用形成的关中平原以及秦岭巴山组成的秦岭山区。其中，陕北黄土高原风沙区与关中平原之间以"北山"为界，关中平原与秦岭山区之间以秦岭北坡的山麓地带为界。这 3 个区域从其发生特征来看，不仅代表着地质、地貌和气候上的明显分异，也反映着风化作用、成土过程以及植被类型组合上的明显区域分异。这种分异就是形成陕西陕北黄土高原、关中盆地平原、陕南秦巴山地三大地区的基础。与此同时，这种分异也对陕西省森林生态系统治污减霾功能产生一定的影响。

第一节 秦岭山区森林治污减霾功能与区域自然地理环境要素因果关系

本节将从地貌、气候、土壤和植被等几个方面对陕西秦岭山区进行自然地理要素特征的描述，以期同该区森林生态系统治污减霾功能相联系，阐明秦岭山区森林治污减霾功能与该区自然地理环境要素的因果关系。首先将秦岭山区森林生态系统治污减霾功能评估结果进行汇总，详见表 4-1。

秦岭山区是指陕西南部地区，北靠秦岭，南倚巴山，北与关中相望，南接四川、重庆、湖北等省（市），东临河南省，西接四川、甘肃省，从西往东依次是汉中、安康、商洛 3 个地级市，汉江自西向东穿流而过。陕南西部属于北亚热带季风气候区，东部为北亚热带与暖温带过渡气候，气候温和，热量相对充分，四季分明。境内森林覆盖率及天然

表 4-1　秦岭山区森林生态系统治污减霾功能评估结果

功能项	指标		物质量	价值量
固碳释氧	固碳（10^7千克/年，10^8元/年）		660.89	60.62
	释氧（10^7千克/年，10^8元/年）		1460.44	203.43
净化大气环境	生产负离子数（10^{22}个/年，10^8元/年）		6043.39	3.23
	吸收二氧化硫（10^4千克/年，10^8元/年）		53450.89	6.42
	吸收氟化物（10^4千克/年，10^8元/年）		1705.04	0.10
	吸收氮氧化物（10^4千克/年，10^8元/年）		2769.95	0.33
	滞尘	TSP（10^4千克/年，10^8元/年）	6629313.65	16.57
		PM_{10}（10^4千克/年，10^8元/年）	18467.82	56.03
		$PM_{2.5}$（10^4千克/年，10^8元/年）	5483.43	2558.07

林覆盖率均居全省之首。陕南地区由于山地高峻而复杂多变，雨量充沛，多年平均降水量700 ~ 1200 毫米。高程低于 1000 米 的低山、盆地区年均降水量为 700 ~ 900 毫米，海拔1000 米 以上的中高山区降雨量为 900 ~ 1200 毫米。

　　因此，借助秦岭山区独特的自然地理条件，丰富的森林资源和丰沛的降雨量，使得秦岭山区的森林生态系统固碳释氧及净化大气环境功能均高于全省其他区域。该区域森林生态系统年固碳释氧量和吸收污染物量分别达 2121.33×10^7 千克和 57.93×10^7 千克。因为森林资源丰富保证了自身治污减霾能力的提升，降雨丰沛表明了雨水对植物叶片的洗脱次数增加，植物叶片的潜在滞尘量也将随之增多，森林生态系统年滞尘量达 6653.26×10^7 千克。

一、秦岭山区森林治污减霾功能与地貌要素的关系

　　秦岭山区是指秦巴山地的陕西部分，基本上是一个"八山一水一分田"的富饶山区(图 4-1)。由秦岭山地和大巴山地组成。在漫长的地质构造过程中，秦岭山地保持着北坡陡窄南坡宽缓和

图 4-1　秦岭山区地貌特色

北高南低的总趋势，大巴山也是如此，秦岭南坡顺向形成谷地，北坡谷地短小。由于秦岭地区的断裂上升既是不断发展的，又是分阶段发展的，所以从汉江谷地分别向秦岭巴山脊部分布着低山丘陵、中山、高山地貌，并以中山地貌为主。山地脊线部分海拔一般在2000米以上，渐向谷地高度渐低，除石泉以东的部分河谷外，一般不低于500米。

秦岭山区本身由于喜山运动以来西部隆升幅度大于东部，整个山地也就表现着西高东低的趋势。镇坪、旬阳、山阳、商县联线以西地区，海拔多在1500～2000米，超出2000米的岭峰大部分分布于该区，联线以东地区海拔多在600～1000米或1000～1500米。地势西高东低，反映在地面坡度上，表现着西大东小的特点。

在秦岭山区中，秦岭山地的走向受到秦岭巨型纬向构造带的控制。山地幅度大于大巴山的幅度，高度大于大巴山的高度，而且它们的地貌结构也有相当差异。总体来看，秦岭山地西窄东宽，西部褶皱紧密，在商洛地区境内则呈掌指状展开，山势开阔。

汉江是秦岭山区最大的水系，其次是嘉陵江水系。沿岸峡谷盆地交替出现，河流阶地普遍发育。沿汉江干支流的盆地中，汉中盆地最大，其次有丹凤盆地、石泉盆地和安康盆地。嘉陵江沿岸发育的一系列盆地中，以东河桥盆地、凤县盆地、略阳盆地较大。

秦岭山区分布着低山丘陵、中山和高山，以中山地貌为主，秦岭中高山与大巴山之间分布着汉江谷地（图4-2）。所以该区峰峦较多，地貌复杂，加之该区整体海拔较高，高山

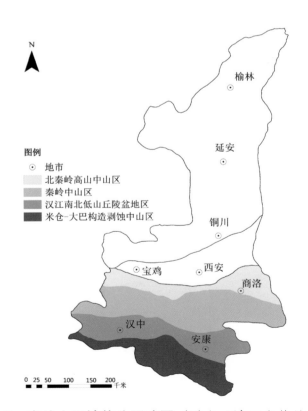

图 4-2 秦岭山区地貌分区略图（引自《陕西自然地理》）

低谷之间，地表摩擦力大，减弱了各方来的风速，不利于污染物及大气颗粒物的排放和扩散，于是很容易使得该区成为污染物及大气颗粒的汇集地。此外，由于地形地貌复杂，高山低谷之间雾气容易团积，空气湿度较大，也不利于污染物和大气颗粒物的扩散。因此，天然的地貌因素促使该区治污减霾功能较强。

二、秦岭山区森林治污减霾功能与气候要素的关系

综合参考前人的工作总结，根据紧密结合陕西省农业生产特征，体现气候区域分异规律，并综合反映地区气候特征的原则，以及年均气温、最冷月均温、≥10℃积温、年均降水量和干燥度为主要指标，将秦岭山区划分为秦岭山地暖温带温和湿润气候区和陕南北亚热带温热湿润气候区（图4-3）。

秦岭山区是陕西境内海拔高度最大的地区，对气候有抬升作用，对冷空气有阻缓和减弱作用，不仅影响到山地气候垂直分布的性质极为明显，而且影响到秦岭北坡随高度增高降水量增多的数值比南坡大，北坡气候变化的梯度大于南坡。东西向的汉江谷地和西北东南向的丹江谷地，有利于东南湿热气流的伸进；南北向的嘉陵江谷地有利于冬季寒潮南侵；由于秦岭山区辽阔而地面结构复杂，所以气候的地域差异较大。

秦岭山地暖温带温和湿润气候区　本区北界关中平原暖温带温和半湿润气候区，南边

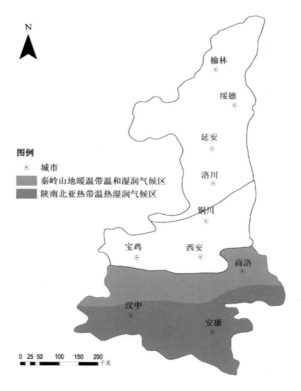

图4-3　秦岭山区气候分区略图（引自《陕西自然地理》）

从西向东大体以通过两河口、张家坝、勉县北、武关驿、华阳、镇安北、山阳北、丹凤及商南的联线为界，基本上与年平均气温 14℃线，1 月均温 1℃线，≥ 10℃积温 4700℃线，无霜期 240 天线以及年平均降水量 800 ~ 900 毫米线一致。本区占据秦岭山地主体，气候垂直分异明显。海拔 1800 米以下的中山和谷地，年均温 11 ~ 14℃，平均降水量 750 ~ 900 毫米，表现着湿润特色。海拔 2000 米以上的中山、亚高山和高山地带，年均温不到 8℃，年均降水量 1000 毫米左右。海拔 2500 米以上的山地表现为冷湿气候。

陕南北亚热带温热湿润气候区   本区占据着秦岭山地暖温带温和湿润气候区以南的全部地区，最南端为川陕省界。年均温 14 ~ 16℃，日均温 ≥ 10℃稳定持续期 180 天，≥ 15℃ 150 天，无霜期 240 天以上。年均降水量 900 毫米以上，表现着北亚热带气候的特色。大巴山地气候具有垂直分带性，1000 米以下的低山丘陵区属于北亚热带气候，平均气温 15 ~ 16℃，年均降水量 1000 ~ 1200 毫米。

秦岭山区拥有暖温带湿润气候和亚热带湿润气候，因此，该区总体上呈现温暖湿润的气候特点。秦岭山地随地势升高降水量从 750 到 1000 毫米不等，大巴山地年均降水量 900 毫米以上，因此，秦岭山区降水相对丰沛。丰沛的降水也就意味着雨水对植物叶片的洗脱次数增加，而被清洗干净的植物叶片很快又会恢复其治污减霾功能。所以，在秦岭山区这种温暖湿润的气候条件下，充足的降水提升了植被的潜在滞尘能力，使得该区森林治污减霾功能增强。

三、秦岭山区森林治污减霾功能与土壤要素的关系

根据陕西省土壤生物气候特点，参考地貌特征，以主要土类为标志，秦岭山区共划分 3 个土壤区，分别是秦岭山地棕壤区、江汉谷地黄褐土区以及大巴山地灰化棕壤区（图 4-4）。

秦岭山地棕壤区   本区北接关中平原褐土壤土区，南边大体以秦岭南坡 800 ~ 1000 米的低山丘陵为界，棕壤分布广泛，土壤的垂直分异规律明显。在秦岭脊线以北的棕壤区，一般来说，山势陡峻，森林破坏较多，土质瘠薄，漏水漏肥，坡丘土层更薄，且多石块碎渣，泥石流严重。

汉江谷地黄褐土区   本区南北两边分别以秦岭、大巴山地的浅山丘陵为界，包括汉中盆地及其以东的汉江干流谷地，是水稻、麦类、油菜、杂粮的主要分布区，代表土壤为黄褐土。在汉中盆地的高河漫滩及低阶地上主要为草甸土，高阶地上有草甸褐土及黄褐土，由于水稻种植面积广，所以分布着大量水稻土。

大巴山地灰化棕壤区   本区是陕西最南边的一个土壤区，占有大巴山地的中山和部分浅山丘陵，由低而高依次为黄褐土、黄棕壤、灰化棕壤、石渣土及红胶泥，浅山丘陵以血斑黄泥、料姜黄泥分布比较普遍，侵蚀较强的陡坡也有黄泥分布，平缓坡地有熟化程度较高的小黄泥，山地中也有红、黄山地砂土，河谷平坝为淤泥坡积沙泥土和水稻土。

秦岭山区分布有棕壤、黄褐土、灰化棕壤，这些土壤分布由于受该区水热条件的影响，土壤质地相对湿润。尤其是大巴山地的浅山丘陵区以血斑黄泥、料姜黄泥分布比较普遍，

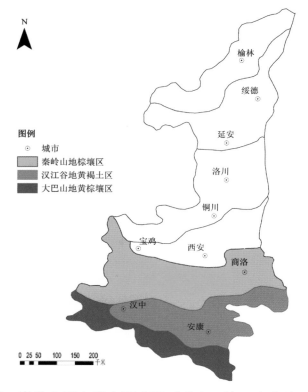

图 4-4　秦岭山区土壤分区略图（引自《陕西自然地理》）

侵蚀较强的陡坡也有黄泥分布，平缓坡地有熟化程度较高的小黄泥，河谷平坝为淤泥坡积沙泥土和水稻土，因此，这些土壤质地更为潮湿。所以该区湿润及潮湿的土壤不利于扬沙、沙尘的形成，其大气悬浮颗粒物也就相对较少，故从侧面减轻了该区森林治污减霾的负担。

四、秦岭山区森林治污减霾功能与植被要素的关系

据陕西省各区域不同植被，结合环境因素，遵循植被地带性原则，依据各地自然环境及植被类型的地区差异性和相似性，秦岭山区划分为秦岭山地针阔叶混交林和落叶阔叶林区以及陕南含常绿阔叶树种的落叶阔叶林区（图 4-5）。

秦岭山地针阔叶混交林和落叶阔叶林区　本区包括秦岭山地海拔 800～1200 米以上的山区，占秦岭山地大部分，以暖温带华北植物为主，主要落叶阔叶树种有杨树、栎类、桦木、榆树等，主要常绿针叶树有华山松、油松、云杉、冷杉等，另有一定成分的常绿阔叶树生长。

秦岭山地地貌及气候条件复杂，因而植被的水平和垂直分异都比较明显。紫柏山一带为栎类华山松林；太白山南坡一带为含秦岭冷杉的华山松、油松及栎类杂木林；首阳山区以栎类为主的杂木林和华山松、油松林；华山山地为华山松、栓皮栎、尖齿栎及柞栎林。在秦岭高山针叶林区的山顶，属于高山灌丛草甸，是以密枝杜鹃、爬柳及高山绣线菊为主，混有高山禾草及莎草科的高山灌丛群系。

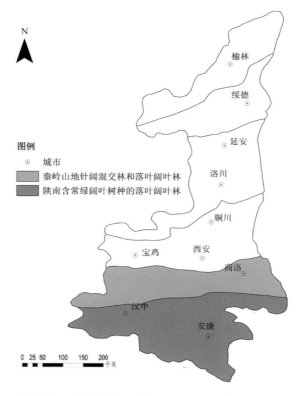

图 4-5　秦岭山区植被分区略图（引自《陕西自然地理》）

　　总体来说，本区已接近陕西境内落叶阔叶林区的南界，山地的主要植被类型是落叶栎林、松林和松栎林，多形成杂木林，高山地域还有冷杉、云杉、落叶松所组成的高山针叶林，山谷地带有一些华北地区所没有的藤本植物，而且植被富有湿润型的特色。

　　陕南含常绿阔叶树种的落叶阔叶林区　本区域包括秦岭南坡海拔 800 ～ 1200 米以下的低山丘陵、汉江谷地以及宽广的大巴山地，是陕西最南边的一个植被区。本区植被属于北亚热带型，是由落叶阔叶林到常绿阔叶林的过渡带，地带性典型植被型包括常绿阔叶落叶阔叶混交林、亚热带针叶林和竹林，基本上没有纯粹的常绿阔叶林的存在。

　　由于大巴山区的气候较其以北地区更加暖湿，因而常绿阔叶树的种类比秦岭山地南坡丰富，北亚热带植被景观特色比秦岭山地南坡更加浓厚，并且有北亚热带向中亚热带植被景观过渡的性质。

　　汉江谷地中，汉中盆地属于栽培的有柑橘、油桐、棕榈等常绿阔叶树，黄菅草、黄白草及狼牙刺灌丛；黄金峡一带峡谷丘陵属于马尾松、华山松、麻栎、栓皮栎林；石泉旬阳段河谷丘陵为含茶树的狼牙刺、栎类杂木林；旬阳以东基本与郧西低山丘陵者相似，为含常绿阔叶树的阔叶落叶林和针阔叶混交林。

　　根据森林生态系统服务评估公式，基于陕西省陕南地区森林资源数据，计算了不同优势树种（组）治污减霾功能物质量见表 4-2。该区秦岭山地主要落叶阔叶树种有杨树、栎类、

表4-2 秦岭山区各优势树种（组）治污减霾功能物质量评估结果

优势树种（组）	固碳 (10⁷千克/年)	释氧 (10⁷千克/年)	负离子 (10²²个/年)	吸收二氧化硫量 (10⁴千克/年)	吸收氟化物量 (10⁴千克/年)	吸收氮氧化物量 (10⁴千克/年)	滞尘量 TSP (10⁴千克/年)	PM₁₀ (10⁴千克/年)	PM₂.₅ (10⁴千克/年)
阔叶混交林	232.04	515.75	1815.09	13971.24	732.84	945.60	1584571.88	6393.06	2055.86
栎类	134.21	295.19	2446.34	8490.89	445.37	574.68	962022.74	4763.49	1549.56
针阔混交林	63.87	146.43	382.25	7713.30	110.19	220.38	769686.20	1321.87	321.94
油松	46.19	103.98	282.60	6346.48	16.77	180.94	944243.23	1459.09	150.68
经济林	35.65	73.82	128.39	2864.29	41.67	193.86	315835.10	510.50	292.41
灌木林	33.20	66.37	42.45	2978.64	156.24	201.60	536979.08	399.36	221.56
其他硬阔类	32.28	73.45	223.09	1720.51	91.23	116.46	194938.03	1048.28	345.84
马尾松	21.22	47.61	292.79	2963.13	6.88	82.50	440650.91	755.36	106.22
其他软阔类	13.87	30.69	101.04	853.11	44.93	57.24	96660.52	387.83	171.38
华山松	8.42	18.90	56.01	1175.04	3.26	33.46	174297.81	291.92	34.27
针叶混交林	7.54	16.11	30.52	1308.09	3.04	36.42	193610.04	281.18	45.29
杉木	6.87	14.76	45.98	1173.41	2.89	32.64	173256.22	243.99	35.78
杨树	6.03	13.78	38.04	312.08	16.29	21.12	35424.22	44.44	12.95
桦木	5.50	12.36	38.50	312.05	10.56	21.12	35333.25	164.22	54.54
竹林	4.06	9.36	18.62	198.69	10.64	13.44	22491.98	60.41	26.81
柏木	3.28	6.85	25.61	622.08	1.44	17.28	91569.43	138.07	20.49
铁杉	1.68	3.84	19.19	85.11	4.47	5.76	9677.32	45.58	6.70
枫香	1.31	3.09	10.18	70.72	1.92	3.84	8430.99	13.16	3.86
冷杉	1.23	2.65	26.12	73.07	1.63	2.97	9701.13	45.69	6.78
榆树	1.07	2.44	5.34	56.64	1.92	3.84	6409.51	46.30	11.38
落叶松	0.96	2.13	8.68	137.98	0.32	3.84	20306.32	38.75	6.94
云杉	0.41	0.88	6.56	24.34	0.54	0.96	3217.74	15.27	2.19
合计	660.89	1460.44	6043.39	53450.89	1705.04	2769.95	6629313.65	18467.82	5483.43

桦木、榆树等，主要常绿针叶树有华山松、油松、云杉、冷杉等。而汉江谷地和大巴山地其地带性典型植被型包括常绿阔叶落叶阔叶混交林、亚热带针叶林和竹林。从主要树种组成来看，秦岭山区包含了落叶阔叶林、常绿针叶林、常绿阔叶混交林、亚热带针叶林以及竹林等，因此，植被类型丰富，树木种类多样，这是该区域森林治污减霾功能提升的前提。此外，该区还拥有大面积的单位面积滞尘能力较强的针叶林和针阔混交林分布。

第二节　关中平原区森林治污减霾功能与区域自然地理环境要素因果关系

　　本节将从地貌、气候、土壤和植被等几个方面对陕西关中平原区进行自然地理要素特征的描述，以期同该区森林生态系统治污减霾功能相联系，阐明关中平原区森林治污减霾功能与该区自然地理环境要素的因果关系。首先将关中平原区森林生态系统治污减霾功能评估结果进行汇总（表4-3）。

　　关中地区位于陕西省中部，西起宝鸡，东临黄河，南依秦岭，北靠渭北低山，因地处东边函谷关、西边散关、南边武关、北边萧关4个关隘之间，故称关中。该区地貌类型分为秦岭山地、渭河平原和渭北黄土高原3大地貌单元，属大陆性季风气候，处于暖温带半湿润与半干旱气候的过渡带，冬冷夏热、四季分明、降水集中、雨热同季、易发生干旱，年均温6～13℃，年降水量为500～800毫米。植被类型主要以秦岭北坡的森林、渭河平原的耕地、草地为主。

　　在此次统计中，关中地区的森林资源面积占全省的23.61%，在陕西省三大生态功能区中，森林资源分布相对较少。因此，其森林生态系统固碳释氧和净化大气环境功能相对低于其他两个区域，其森林生态系统年固碳释氧量和年净化大气环境量分别为1009.37×10⁷千克和25.64×10⁷千克，森林生态系统年滞尘量为2935.16×10⁷千克。在今后林业发展过程中要注重加强该区森林资源的保护和扩展。

一、关中平原区森林治污减霾功能与地貌要素的关系

　　关中平原位于关中而得名，又因平原在渭河干支流冲积作用下形成，所以也称渭河平原。关中平原的范围与渭河地堑一致，南止秦岭，北止北山，介于陕北高原与陕南山地之间。平原西起宝鸡，东达潼关，东西长约860千米，再往东北去则与汾河地堑谷地相连。宝鸡一带平原很窄，自西向东逐渐变宽，西安以东宽达几十千米，是一个西部缩窄闭合、向东开阔的盆地平原。平原西高东低，西部海拔约700～800米，东部最低处仅325米，平均海拔高度520米。

表4-3　关中平原区森林生态系统治污减霾功能评估结果

功能项	指标		物质量	价值量
固碳释氧	固碳（10^7千克/年，10^8元/年）		317.04	29.08
	释氧（10^7千克/年，10^8元/年）		692.33	96.43
净化大气环境	生产负离子数（10^{22}个/年，10^8元/年）		2176.91	1.08
	吸收二氧化硫（10^4千克/年，10^8元/年）		23379.64	2.81
	吸收氟化物（10^4千克/年，10^8元/年）		857.59	0.05
	吸收氮氧化物（10^4千克/年，10^8元/年）		1398.46	0.17
	滞尘	TSP（10^4千克/年，10^8元/年）	2927966.90	7.32
		PM_{10}（10^4千克/年，10^8元/年）	5388.88	16.35
		$PM_{2.5}$（10^4千克/年，10^8元/年）	1806.82	842.86

　　关中平原是由渭河及其两岸支流共同塑造的冲积洪积平原（图4-6）。它是一个由河流阶地、山前洪积扇、冲积洪积平原、古三角洲以及槽型凹地组成的地貌综合体。阶地外侧的黄土台塬占关中平原区总面积的2/5。平原的平面分布极不对称。渭河经过多次侵蚀和堆积旋回，两岸发育着多级河流阶地和河漫滩，成为关中平原的基本格局，也是河流冲积最活跃的地区（图4-7）。

　　由上所述，关中平原西起宝鸡，东达潼关，东西长约860千米。平原自宝鸡至西安逐渐

图4-6　关中平原地形地貌示意图

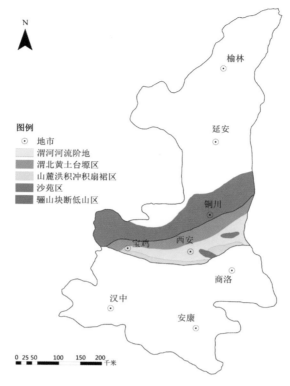

图例
- ⊙ 地市
- 渭河河流阶地
- 渭北黄土台塬区
- 山麓洪积冲积扇裙区
- 沙苑区
- 骊山块断低山区

图 4-7 关中平原地貌分区略图（引自《陕西自然地理》）

变宽，是一个西部缩窄闭合、向东开阔的盆地平原。平原西高东低，西部海拔约 700 ~ 800 米，东部最低处仅 325 米，平均海拔高度 520 米。此外，关中平原北部有陕北黄土高原南部的北山为屏障，南部有秦岭北坡陡峭山体阻挡（图 4-8）。因此，该区地处一个相对较闭塞的地堑盆地内，不但使低空气流散失较慢，还因受秦岭北坡焚风效应的影响，最终使得该区空气污染物及大气颗粒不易扩散，造成污染物及颗粒物的沉积，影响了森林治污减霾功能的发挥。

图 4-8 关中平原地貌特色

二、关中平原区森林治污减霾功能与气候要素的关系

关中平原区构造上是一个地堑盆地，这种地貌不但使低空气流散失较慢，且因受秦岭北坡焚风效应的影响（图4-9），成为我国夏季午后常出现高温的地区之一。同时，东西伸展的渭河谷地，有利于沿青藏高原东缘南下冷空气向东推进，致使关中平原易受寒潮侵袭。

本区北界北山，南界秦岭，基本上与年平均气温13℃线，1月平均气温－1℃线，平均降水量700毫米线及年干燥度1.00线相符合。在全国气候区划中属于华北北省汾渭流域州的一部分。本区大部分地方年均温10～13℃，最冷月均温一般－1～－3℃，绝大部分无大寒期，小寒期也比延安、洛川一带少20～25天，冬长5个月。最热月均温23～26℃，气温年较差一般介于26～28℃，炎热期比陕北高原普遍长10～50天，并出现暑热期。≥5℃积温4200～4900℃，≥10℃积温3900～4700℃。土壤冻结期平均比陕北高原少一个月，比长城沿线一带少2～3个月。年均降水量一般可达550～700毫米，秋雨较多（图4-10）。

由上所述，关中平原区是陕西省伏旱较重、春夏旱较轻的地区，平原东部多伏旱，西部多春夏旱。此外，关中平原地区还是陕西省春霜冻及干热风危害的重点地区之一。关中平原由于受到周期性的干旱、霜冻、干热风的极端天气影响（图4-11），对该区空气污染物及大气颗粒物的产生均有直接影响。因为，干旱和霜冻都会使得在空气干燥情况下地面细沙颗粒漂浮空中，干热风更是能直接吹起沙尘，造成空气污染。所以，关中地区这种特殊的周期性气候因素，导致了该区污染物及空气颗粒的增加，增重了治污减霾负担。

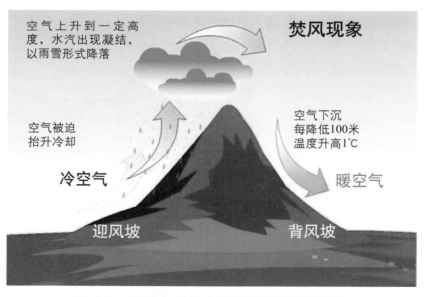

图4-9 夏季午后关中平原区出现焚风效应

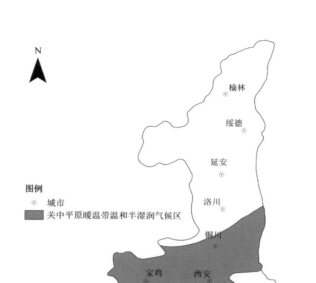

图 4-10　关中平原区气候分区略图（引自《陕西自然地理》）

图 4-11　关中平原地形与风向示意

三、关中平原区森林治污减霾功能与土壤要素的关系

　　本区北以北山南坡为界，南以秦岭北坡为界，与八百里秦川的范围一致。平原地区主要为埁土，靠近渭河的河漫滩及超河漫滩一级阶地上有草甸土，河流沿岸及灌区分布着冲积土、盐渍土，沿秦岭北坡发育着水稻土和沼泽土，沙苑区分布着沙土（图 4-12）。

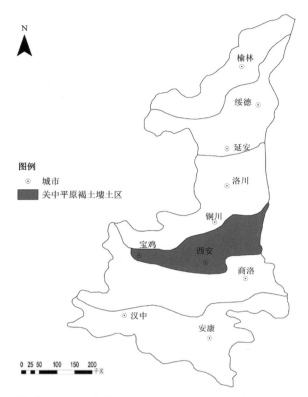

图 4-12　关中平原区土壤分区略图（引自《陕西自然地理》）

由前面所述可知，关中平原地区主要为壤土，靠近渭河的河漫滩及超河漫滩一级阶地上有草甸土，河流沿岸及灌区分布着冲积土、盐渍土，沿秦岭北坡发育着水稻土和沼泽土，沙苑区分布着沙土。那么从该区土壤分布情况不难发现，大部分土类比较松散，在受到干旱、干热风等气候影响下，会迅速使得地表土层干化，极易在风力及人为活动中产生扬沙、沙尘等。这也是该区容易产生污染物及空气颗粒物的一个重要原因。

四、关中平原区森林治污减霾功能与植被要素的关系

关中落叶阔叶林灌丛区（图 4-13）北接陕北南部森林草原区，原生植被应是以辽东栎、油松为主的松栎林，但是由于人为破坏，大部分已辟为农田，只在关山一带有少部分存在。主要树种有槲栎、辽东栎、山杨、白桦、椴树、小叶杨、油松、侧柏等，局部有华山松，山地上部可见草甸及红桦。村舍附近主要为杨、柳、榆、构等和一些落叶果树，灌木以虎榛子、狼牙刺、酸醋柳及扁核木等为主。草本植物以白羊草、画眉草、秃疮花、紫菀、蒿类为主。渭河滩地主要有白茅—碱蓬—盐云草草甸和香蒲—白茅—木贼草甸。由于水热条件较好，一些亚热带植物如夹竹桃、棕榈、无花果、桂花、毛竹、茶等引进后生长良好。

陕西省关中地区不同优势树（组）种治污减霾功能物质量见表 4-4。从表 4-4 可以看出，关中地区各优势树种组治污减霾功能物质量的分布格局呈明显的规律性，且差距较大。

表 4-4 关中平原区各优势树种（组）治污减霾功能物质量评估结果

优势树种（组）	固碳 (10^{7}千克/年)	释氧 (10^{7}千克/年)	负离子 (10^{22}个/年)	吸收二氧化硫量 (10^{4}千克/年)	吸收氟化物量 (10^{4}千克/年)	吸收氮氧化物量 (10^{4}千克/年)	滞尘量		
							TSP (10^{4}千克/年)	PM$_{10}$ (10^{4}千克/年)	PM$_{2.5}$ (10^{4}千克/年)
阔叶混交林	65.25	144.70	456.24	3977.72	208.64	269.22	45938.73	1216.16	390.04
其他硬阔类	65.10	148.01	394.22	3488.88	184.99	236.16	396198.31	1449.78	478.30
经济林	48.91	101.26	146.87	3969.74	57.77	268.68	438197.69	410.93	235.38
栎类	44.81	98.45	760.60	2853.64	149.68	193.14	324017.67	1073.89	347.16
灌木林	34.43	68.66	33.30	3118.71	163.59	211.08	562512.21	236.55	131.23
针阔混交林	14.39	32.96	76.96	1747.20	24.96	49.92	174486.84	187.49	45.66
油松	11.50	25.83	60.58	1587.69	4.20	45.26	236370.68	229.61	23.71
杨树	7.64	17.44	41.14	397.19	20.74	26.88	45113.88	34.48	10.04
桦木	6.95	15.63	41.75	397.15	13.44	26.88	45060.53	140.73	50.07
其他软阔类	5.92	13.06	37.65	367.14	19.33	24.63	41674.54	113.95	50.35
冷杉	3.66	7.89	72.75	219.20	4.89	8.93	29162.07	85.98	12.75
柏木	2.52	5.25	17.01	483.84	1.12	13.44	71266.48	67.50	10.01
华山松	2.46	5.52	13.79	345.60	0.96	9.84	51298.44	55.09	6.46
榆树	1.06	2.40	4.52	56.64	1.92	3.84	6427.88	31.56	7.76
杉木	0.79	1.70	4.56	138.05	0.34	3.84	20395.75	17.66	2.59
针叶混交林	0.78	1.66	5.92	137.92	0.32	3.84	20427.16	17.96	2.90
其他松类	0.47	1.05	2.90	68.99	0.16	1.92	10193.79	9.98	1.03
云杉	0.40	0.86	6.15	24.34	0.54	0.96	3224.25	9.58	1.38
合计	317.04	692.33	2176.91	23379.64	857.59	1398.46	2927966.90	5388.88	1806.82

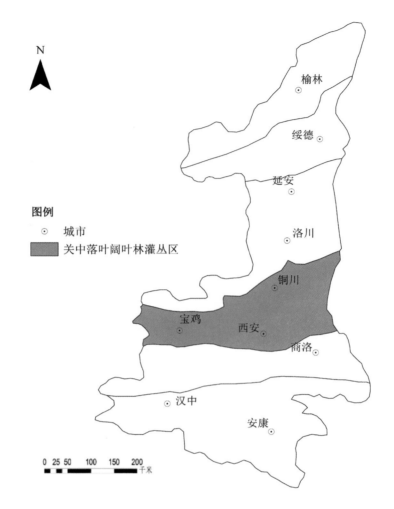

图 4-13 关中平原区植被分区略图（引自《陕西自然地理》）

由前面描述可知。关中地区的这些植被，使得其森林植被治污减霾功能整体性不强，因此，需要不断加强该区森林植被的恢复及保护。

第三节 黄土高原风沙区森林治污减霾功能与区域自然地理环境要素因果关系

本小节将从地貌、气候、土壤和植被等几个方面对陕北黄土高原风沙区进行自然地理要素特征的描述，以期同该区森林生态系统治污减霾功能相联系，阐明陕北黄土高原风沙区森林治污减霾功能与该区自然地理环境要素的因果关系。首先将黄土高原分沙区森林生态系统治污减霾功能评估结果进行汇总（表4-5）。

表 4-5　黄土高原风沙区森林生态系统治污减霾功能评估结果

功能项	指标		物质量	价值量
固碳释氧	固碳（10^7千克/年，10^8元/年）		355.11	32.57
	释氧（10^7千克/年，10^8元/年）		759.81	105.84
净化大气环境	生产负离子数（10^{22}个/年，10^8元/年）		2046.58	0.99
	吸收二氧化硫（10^4千克/年，10^8元/年）		29924.97	3.59
	吸收氟化物（10^4千克/年，10^8元/年）		1158.96	0.07
	吸收氮氧化物（10^4千克/年，10^8元/年）		1783.85	0.21
	滞尘	TSP（10^4千克/年，10^8元/年）	4152926.79	10.38
		PM_{10}（10^4千克/年，10^8元/年）	3214.43	9.75
		$PM_{2.5}$（10^4千克/年，10^8元/年）	1133.08	528.60

　　黄土高原风沙区包括榆林和延安 2 个地级市的 23 个县区，占陕西全省面积的 45%。地处中温带地区，属于中温带干旱大陆季风气候区与内陆干旱区的过渡地带，该区域干旱且生态环境脆弱。年均温 7 ～ 12℃，年降水量 400 ～ 600 毫米。该地区是中国黄土高原的中心部分，有世界上面积最大、发育最典型的黄土地形，区域地势西北高，东南低。降水趋势自西向东递增。陕北黄土高原地貌形态复杂多样，陡坡沟多，土地利用类型多种多样，农牧、农林交错性特征明显，长期以来水土流失和风沙危害尤为严重。

　　此次统计中，该区森林资源面积占全省的 29.91%，森林资源面积分布较少，因此，在陕北干旱风沙地区，该区森林植被对保持水土流失和阻尘滞尘等方面起到不可替代的重要作用，对区域生态环境的保护至关重要。该区森林生态系统年固碳释氧量和年净化大气环境量分别为 1114.92×10^7 千克和 32.87×10^7 千克，森林生态系统年滞尘量为 4157.27×10^7 千克，森林植被是该区宝贵的生态资源。

一、黄土高原风沙区森林治污减霾功能与地貌要素的关系

　　陕北黄土高原风沙区是陕甘黄土高原的一部分，东以黄河为界，西、北两面以省界为限，南以北山与关中平原相接。经历漫长的地质构造过程，陕北黄土高原风沙区基本上出现了西北高东南低的地势，是一个向东南倾斜的盆地（图 4-15）。高原西北部的白于山地最高处海拔 1907 米，大小理河及清涧河上游为 1500 ～ 1600 米，陕甘省界上的子午岭为 1300 ～ 1687 米，而高原南缘的北山却在 1000 ～ 1200 米，洛川以南的北洛河流域降至 600 ～ 1000 米，黄河岸谷一带更低于 800 米。

图 4-15　黄土高原地貌特色

陕北黄土高原风沙区的基底是中生界砂页岩经长期剥蚀而形成的缓起伏并具有单面山和方山性质残丘带的准平原，基岩之上有第四系午城黄土及相当厚的离石黄土，即所谓的老黄土。晚更新世后期，海水撤退，华北大陆性气候加强，在干燥的气候条件下，产生马兰黄土堆积，即新黄土。在榆林、横山、神木一带，特别是沿榆溪河、无定河上游之间，新黄土直接覆盖于基岩之上，也有覆盖于老黄土之上。新黄土透水性较强，碳酸盐含量多，由于接近沙漠，气候干燥，碳酸盐不易淋失，所以潜蚀现象少见。由此向南，经绥德、米脂、清涧、子长、延安直达富县，新黄土呈灰黄色，质地纯细松散，含碳酸盐较多，潜蚀作用不强，属典型新黄土，与其以北具有沙黄土性质的非典型新黄土不同。由此向南直抵渭北台塬，黄土质地变细，黏粒加重，很少碳酸盐存在，表明其风化作用和淋溶作用要比北部强。马兰黄土堆积后，进入全新世，气候转暖转湿，在承袭老的流水网路的基础上，流水侵蚀作用加强，陕北高原发育了典型的现代黄土地貌（图 4-16）。

由于陕北黄土高原风沙区是在气候比较干旱、具有碱性介质的干草原环境下产生的。因此，处于高原之上的黄土地貌极易受到来自北方及西北强劲风力吹蚀，容易产生扬沙、沙尘，进而导致大气颗粒物增加。

二、黄土高原风沙区森林治污减霾功能与气候要素的关系

综合参考前人的工作总结，根据紧密结合陕西省农业生产特征，体现气候区域分异规律，并综合反映地区气候特征的原则，以及年均气温、最冷月均温、≥10℃积温、年均降水量和干燥度为主要指标，将陕北高原划分为长城沿线温带寒冷半干旱气候区和陕北高原暖温带冷温半干旱气候区（图 4-17）。

平均海拔 800 ~ 1300 米的陕北高原，地势起伏大，导致梁、塬、峁、沟小气候因地而异，当地狭长山岭，海拔高度多超出 1500 米，因而气候比低缓地区湿润，有些山岭上的梢林茂密，由气候观点看，属于"气候岛"。陕北高原地面总倾斜趋向东南，南北向的黄河宽

图 4-16　陕北黄土高原风沙区地貌分区略图（引自《陕西自然地理》）

图 4-17　陕北黄土高原风沙区气候分区略图（引自《陕西自然地理》）

谷和北洛河谷地以及西北东南向的泾河谷地又朝着低而平坦的关中平原延伸,这种地表形势对强劲的冬季冷风由陇东、陕北一带向关中推进,起着一定程度的助长作用。同时,陕北地面切割显著,起伏大。加之植被条件差,有利于夏季热力对流的发展,所以多雷暴雨及冰雹。

长城沿线温带寒冷半干旱气候区 本区北为省界,南界基本上与年均温 8 ~ 9℃线,1月平均气温 -8℃线,≥ 10℃积温 3200℃线,年平均降水量 450 毫米线以及年干燥度 1.80 等值线相符合,包括府谷、神木、榆林、横山及三边一带。这是我国温带大陆性季风气候的一部分。该区日照充足,年日照 2500 ~ 2900 小时。由于干旱少雨,成为全省重春旱、春夏连旱区的一部分,在降水常年亏缺的情况下,小旱每年都有,中旱两年一次,大旱 5 ~ 10 年一遇。大风危害显著,横山、三边一带年大风日数在 20 天以上,是全省大风日数最多的地区。

陕北高原暖温带冷温半干旱气候区 本区北界长城沿线温带寒冷半干旱气候区,南界大体上与年平均气温 11℃线,1 月平均气温 -4℃线,≥ 10℃积温 3900℃线,年平均降水量 600 毫米线及年干燥度 1.25 线相符合,包括北山以北,长城沿线以南的广大地区。在全国气候区划中属于华北区晋陕甘省陕甘黄土高原州的一部分,是我国暖温带大陆性季风气候的一部分。本区春旱及春夏旱和霜冻对农业生产危害较重,暴雨期一年达 100 ~ 170 天,是全省暴雨较多的地区之一。春季风较多,占全年大风日数 50% 以上。

该区的长城沿线温带寒冷半干旱气候区由于干旱少雨,成为全省重春旱春夏连旱区的一部分,小旱每年都有,中旱两年一次,大旱 5 ~ 10 年一遇。大风危害显著,横山、三边一带年大风日数在 20 天以上,是全省大风日数最多的地区。该区的陕北高原暖温带冷温半干旱气候区春旱及春夏旱和霜冻对农业生产危害较重。春季风较多,占全年大风日数 50%以上。由此可知,黄土高原风沙区气候主要表现为干旱、多风。因此,该区极易产生风沙扬尘天气,空气污染物及颗粒物多(图 4-18)。

三、黄土高原风沙区森林治污减霾功能与土壤要素的关系

根据陕西省土壤生物气候特点,参考地貌特征,以主要土类为标志,陕北黄土高原风沙区共划分 3 个土壤区,分别是长城沿线砂土区、陕北高原北部轻黑垆土及黑垆土区以及陕北南部黏黑垆土及灰褐色森林土区(图 4-19)。

长城沿线砂土区 本区包括长城沿线风沙区,是陕西最北的一个土壤区,相当于全国土壤区划中鄂尔多斯东部高原淡栗钙土区的一部分,以新月形沙丘为主,沙丘基本上无土壤发育。部分地区有砂土及发育在黄土母质上的轻黑垆土,丘间低山主要为草甸土。盐渍土、水稻土、沼泽土也有相当面积的分布。

陕北高原北部轻黑垆土及黑垆土区 本区北接长城沿线砂土区,南边大致以延安至延川联线为界,包括志丹、子长、子洲、绥德为中心的陕北高原北部地区,属于全国土

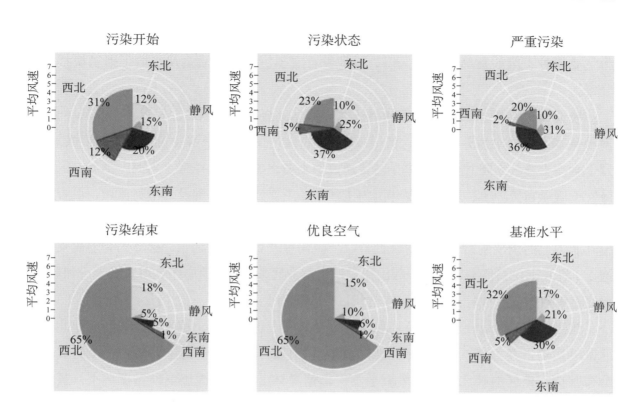

图 4-18　风速和风向对大气污染物影响的示意

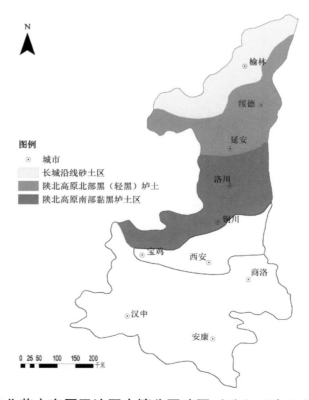

图 4-19　陕北黄土高原风沙区土壤分区略图（引自《陕西自然地理》）

壤区划中陕北黄土高原丘陵淡黑垆土省的一部分。地带性土壤为轻黑垆土及黑垆土，作为主要耕种土壤的黄绵土分布甚广，谷地发育着黑垆土，盐渍土及水稻土则呈块状零散分布。

陕北南部黏黑垆土及灰褐色森林土区　本区北接陕北高原北部轻黑垆土及黑垆土区，南部基本上以北山为界，包括以洛川、彬县为中心的北洛河中游及泾河中游的广大地区，属于全国土壤区划陕甘黄土高原丘陵普通黑垆土黏化黑垆土山地褐土省的一部分。区内地带性土壤以黏黑垆土、灰褐色森林土为主，前者主要分布于东部及北洛河流域，后者主要分布于梢林区。而黄盖垆、凹地垆土、鸡粪垆等，也都是当地群众根据黑紫土侵蚀、堆积及其肥力上的表现所给予的名称。此外，丘陵沟壑及塬地沟壑地带，部分的有弱度发育的泡土；红胶土、二色土是在坡积和洪积母质上发育起来的；川道中还分布着石子田和砂土，沟底有零散分布的水稻土和盐渍土；北山区分布着褐土。

该区的长城沿线砂土区以新月形沙丘为主，沙丘基本上无土壤发育。该区的陕北高原北部轻黑垆土及黑垆土区地带性土壤为轻黑垆土及黑垆土，作为主要耕种土壤的黄绵土分布甚广。该区的陕北南部黏黑垆土及灰褐色森林土区地带性土壤以黏黑垆土、灰褐色森林土为主，丘陵沟壑及塬地沟壑地带，部分的有弱度发育的泡土；红胶土、二色土是在坡积和洪积母质上发育起来的；川道中还分布着石子田和砂土。因此，黄土高原风沙区这样的土壤分布，极易受到风蚀，并产生扬沙天气（图4-20），给森林植被治污减霾带来严峻挑战。

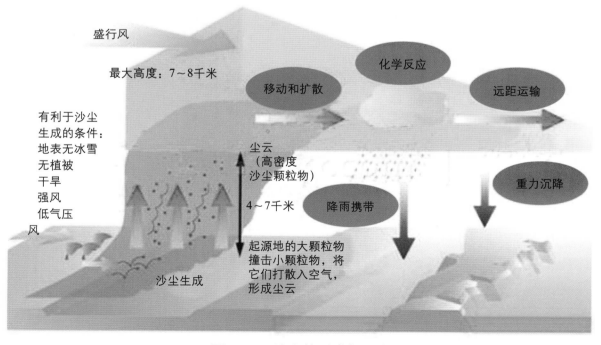

图4-20　沙尘的形成与沉降

四、黄土高原风沙区森林治污减霾功能与植被要素的关系

根据陕西省各区域不同植被，结合环境因素，遵循植被地带性原则，依据各地自然环境及植被类型的地区差异性和相似性，陕北黄土高原风沙区划分为长城沿线风沙草原区、陕北中部草原化森林草原区和陕北南部森林草原区（图4-23）。

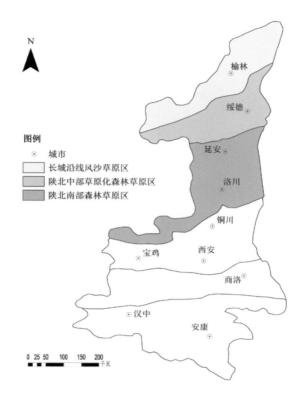

图 4-23　陕北黄土高原风沙区植被分区略图（引自《陕西自然地理》）

长城沿线风沙草原区　本区南止府谷、鱼河堡、靖边一线，北止省界，是内蒙古风沙草原向南延伸的部分。当地不但在气候上受沙漠影响，而且区内草原类型的植物在干旱多沙的环境条件控制下逐渐退缩，沙地植物则随沙进袭，以耐旱、耐寒的干草原和沙生植物为主。其中，有野生价值较高的甘草、麻黄、枸杞、马蔺、榆林冬花、蒲草等。植物生长趋势由北向南、由西到东逐渐变好。按照当地地表物质分异与种属区系特征，该区可分为东西两段，东段为沙荒漠草原，西段为盐荒漠草原。

东段沙荒漠草原中，在流动沙丘区，主要植被以来自内蒙古或西北沙漠地带的沙蒿最普遍，沙竹、沙米、沙芥、沙蓬等有一定数量的分布；固定或半固定沙丘上仍以沙蒿、沙竹为主；在半固定沙地上有沙地旋复花、沙柳等；滩地已有不少开垦为农田，还有大面积的寸草草甸及杂草草甸，少数无流区的滩地还有芨芨草及马蔺草草甸；黄土梁地上分布有柠条

（图 4-21）、针茅等；水分较好的地方发育有酸醋柳、柠条以及夏绿林成分。

　　西段的盐荒漠草原占据着长城沿线风沙草原区西部的无流或内流地区，代表景观是内陆盐碱湖盆及无流滩地。流沙上植被分布与东段无大差别，滩地则除寸草、马蔺群系外，尚有许多喜盐植物。在重盐碱区地上有羊角、羊豆角等，稍有水湿条件的轻盐碱地上以芦苇、野青茅、荆三棱、三尖草、车前及华蒲公英为主。一般盐碱地上为盐蓬、碱蓬、醉马草、白刺、芨芨草（图 4-22）、羊角等。石质硬梁地上以冷蒿群系为主，草原成分以中生禾草为主。

图 4-21　柠条　　　　　　　　　　　图 4-22　芨芨草

　　陕北中部草原化森林草原区　本区北接长城沿线风沙草原区，南部界线为清涧、安塞、志丹联线，包括北洛河、清涧河及延河上游，无定河中下游，窟野河和秃尾河中下游地区。

　　在天然植被遭受严重破坏以及受半干旱气候和强烈水土流失的影响下，除局部地区尚残存着油松、侧柏、虎榛子、黄刺玫、扁核木以外，是一个已经草原化的地区。以草本植物为主，主要有芒草、芨芨草、隐子草、铁杆蒿、甘草、达乌里胡枝子等。灌木有柠条、锦鸡儿、狼牙刺、酸醋柳等。由于环境条件严酷，植被稀疏，耐旱、耐寒、耐风的种类比其以南地区要多。

　　陕北南部森林草原区　本区北接陕北中部草原化森林草原区，南止黄龙、宜君、永寿、千阳联线。属于华北落叶阔叶林的一部分，受人类干扰，尚有少量栎树、榆树、构树等残存植株。由于植被破坏后气候渐趋干旱，为干草原若干草本植物入侵创造了条件，形成了由森林向草原发展的过渡类型，现次生有草皮和灌丛，草类以禾本科、菊科、蔷薇科中旱生草类为主。大型沟系的沟壁上，有草原、草甸或山林及灌木林分布，阳坡以旱生及中旱生成分为主，阴坡以菊科或其他灌丛为主。

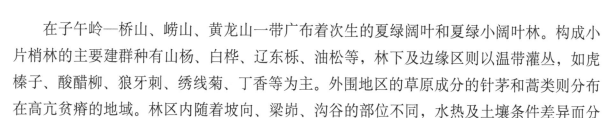

在子午岭—桥山、崂山、黄龙山一带广布着次生的夏绿阔叶和夏绿小阔叶林。构成小片梢林的主要建群种有山杨、白桦、辽东栎、油松等，林下及边缘区则以温带灌丛，如虎榛子、酸醋柳、狼牙刺、绣线菊、丁香等为主。外围地区的草原成分的针茅和蒿类则分布在高亢贫瘠的地域。林区内随着坡向、梁峁、沟谷的部位不同，水热及土壤条件差异而分别呈现不同优势群丛。

根据森林生态系统服务评估公式，基于黄土高原风沙区森林资源数据，计算了不同优势树种（组）治污减霾功能物质量，详见表 4-6。该区的长城沿线风沙草原区内草原类型的植物在干旱多沙的环境条件控制下逐渐退缩，沙地植物则随沙进袭，以耐旱、耐寒的干草原和沙生植物为主。该区的陕北中部草原化森林草甸区是一个已经草原化的地区，以草本植物为主。该区的陕北南部森林草原区由于植被破坏后气候渐趋干旱，为干草原若干草本植物入侵创造了条件，形成了由森林向草原发展的过渡类型，现次生有草皮和灌丛，草类以禾本科、菊科、蔷薇科中旱生草类为主。这种典型的陕北黄土高原植被类型，由于长期气候影响，其植被叶片不发达，但根系枝条相对坚韧，其抗击风沙能力较强，但滞尘能力不及高大乔木。因此，陕北黄土高原风沙区各优势树种组中，灌木林治污减霾总体功能较强，所以该区的植被特征促使其森林植被治污减霾功能有待进一步加强。

表 4-6　黄土高原风沙区各优势树种（组）治污减霾功能物质量评估结果

优势树种	固碳(10⁷千克/年)	释氧(10⁷千克/年)	负离子(10²²个/年)	吸收二氧化硫量(10⁴千克/年)	吸收氟化物量(10⁴千克/年)	吸收氮氧化物量(10⁴千克/年)	滞尘量		
							TSP(10⁴千克/年)	PM₁₀(10⁴千克/年)	PM₂.₅(10⁴千克/年)
灌木林	107.25	212.95	98.29	10234.64	536.84	692.70	1846468.51	470.48	261.01
栎类	54.32	119.34	927.30	3599.19	188.79	243.60	409378.08	820.88	267.03
阔叶混	47.60	105.66	325.27	3004.35	157.59	203.34	341824.40	556.70	179.02
经济林	41.58	85.63	120.20	3544.23	51.57	239.88	391454.29	222.36	127.36
其他硬阔类	41.00	93.30	240.03	2270.95	120.41	153.72	258385.68	571.93	188.68
针阔混	22.04	50.59	113.78	2755.20	39.36	78.72	275297.16	179.20	43.64
杨树	17.46	39.98	88.95	933.59	48.75	63.18	106078.98	49.11	14.31
油松	11.57	26.05	58.58	1656.73	4.38	47.23	246751.79	145.21	14.99
柏木	7.57	15.75	49.42	1520.64	3.52	42.24	224076.33	128.58	19.08
榆树	1.55	3.53	6.24	84.96	2.88	5.76	9665.04	28.70	7.05
桦木	1.44	3.23	8.25	85.10	2.88	5.76	9671.65	18.28	6.07
其他松类	0.46	1.03	2.70	68.99	0.16	1.92	10198.13	6.05	0.62
樟子松	0.45	1.00	2.09	69.06	0.18	1.98	10232.85	6.17	0.98
其他软阔类	0.44	0.97	2.71	28.38	1.49	1.90	3226.22	5.34	2.36
针叶混	0.38	0.80	2.77	68.96	0.16	1.92	10217.68	5.44	0.88
合计	355.11	759.81	2046.58	29924.97	1158.96	1783.85	4152926.79	3214.43	1133.08

第五章
陕西省湿地生态系统
治污减霾功能评估

　　湿地生态系统是地球上水陆相互作用形成的独特的生态系统，兼有水陆生态系统的属性。湿地由于其特有的水域与植被组合结构，对大气颗粒物的沉降起到了积极作用；同时湿地具有强大的降解污染物功能，能有效降低污染物的浓度；同样，湿地也是生态系统碳循环的重要环节，湿地储存的碳占陆地土壤碳库的 18% ~ 30%（Smith et al，2004），是全球最大的碳库之一。本次评估中重点对其降解污染物、固碳释氧和清除大气颗粒物的生态效益进行评估。

第一节　陕西省湿地生态系统治污减霾评估方法

　　陕西省湿地生态系统生态效益服务评估在前人研究的基础上，分别运用不同的方法对陕西省湿地生态系统清除大气颗粒物、降解污染、固碳释氧 3 项生态服务及其价值进行量化评估（图 5-1）。将湿地生态系统的产品和生命支持功能转化为人们具有明显感知力的货币值，使人们定量地了解湿地生态系统服务功能的价值，提高对湿地生态系统服务功能的认知度和保护湿地的意识，为湿地生态资源的合理定价、有效补偿提供科学依据。

一、降解污染

　　湿地被誉为"地球之肾"，具有降解和去除环境污染物的作用，尤其是对氮、磷等元素以及重金属元素的吸收、转化和滞留具有较高的效率，能有效降低其在水体中的浓度；湿地还可通过减缓水流，促进颗粒物沉降，从而将颗粒物上附着的有毒物质从水体中去除。如果进入湿地的污染物没有使水体整体功能退化，即可以认为湿地起到净化的功能。根据 Costanza 等人对全球湿地降解污染的研究成果，湿地降解污染的平均价值是 4177 美元 /（公顷·年）。

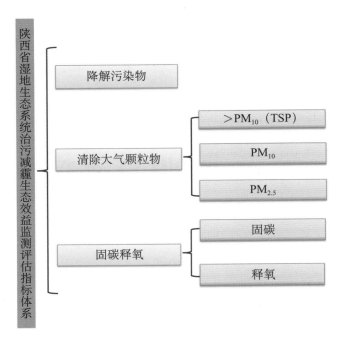

图 5-1　陕西省湿地生态系统治污减霾功能评估指标体系

湿地生态系统降解污染物计算公式为：

$$U_降 = C_降 \cdot A \cdot R \cdot d \tag{5-1}$$

式中：$U_降$——湿地生态系统降解污染价值（元/年）；

　　　$C_降$——单位面积湿地降解污染的价值 [美元 /（公顷·年）]；

　　　A——评估区域湿地面积（公顷）；

　　　R——美元与人民币之间的汇率；

　　　d——贴现率。

二、固碳释氧

湿地对大气环境既有正面影响也有负面影响。湿地对于大气调节的正效应主要是指通过大面积挺水植物芦苇以及其他水生植物的光合作用固定大气中的二氧化碳，向大气释放氧气。根据光合作用方程式，生态系统每生产 1.00 千克植物干物质，即能固定 1.63 千克二氧化碳，能释放 1.19 千克氧气。湿地内主要以水生或湿生植物为主，且分布广泛，主要有芦苇等挺水植物和金鱼藻、黑藻、竹叶眼子菜等沉水植物。这些植物均为一年生植物，生长期结束后，会沉入水底，进而转化为泥炭。

湿地生态系统固碳物质量计算公式为：

$$W_碳 = 1.63 \cdot R_碳 \cdot P \cdot A / 100 \tag{5-2}$$

式中：$W_{碳}$——湿地生态系统固碳物质量（吨／年）；

　　　$R_{碳}$——二氧化碳中碳的含量；

　　　P——湿地固碳速率［克／（平方米·年）］；

　　　A——评估区域湿地面积（公顷）。

湿地生态系统释氧物质量计算公式为：

$$W_{氧} = 1.19 \cdot P \cdot A / 100 \tag{5-3}$$

式中：$W_{氧}$——湿地生态系统释氧物质量（吨／年）；

　　　P——湿地固碳速率［克／（平方米·年）］；

　　　A——评估区域湿地面积（公顷）。

湿地生态系统固碳释氧价值量计算公式为：

$$U_{固} = W_{碳} \cdot C_{碳} \cdot d + W_{氧} \cdot C_{氧} \cdot d \tag{5-4}$$

式中：$U_{固}$——湿地生态系统固碳释氧价值量（元／年）；

　　　$W_{碳}$——湿地生态系统固碳物质量（吨／年）；

　　　$C_{碳}$——固碳价格（元／吨）（附表4）；

　　　$W_{氧}$——湿地生态系统释氧物质量（吨／年）；

　　　$C_{氧}$——氧气价格（元／吨）（附表4）。

　　　d——贴现率。

三、清除大气颗粒物

大气颗粒物可以通过湍流输送和重力作用沉降下来。大气颗粒物沉降包括干沉降和湿沉降，干沉降是在没有降水条件下发生，具有广阔的地域性和持久性。干沉降作用对于陕西省大气颗粒物沉降具有重要的贡献，湿沉降仅在特定降水条件下发生。湿地具有良好的干沉降接纳或转化固定能力，在清除大气颗粒物方面发挥着重要的生态系统服务功能。

干沉降：是指气溶胶及其他酸性物质直接沉降到地表的现象。其中的气态酸性物质（如二氧化硫、二氧化氮、硝酸、盐酸等）可被地表物体吸附或吸收，而硫酸雾、含硫含氮的颗粒状酸性物质经扩散、惯性碰撞或受重力作用最后降落到地面后，均可引起土壤、湖泊环境的酸化。

湿沉降：是指通过降雨、降雪等使颗粒物从大气中去除的过程。它是去除大气颗粒物和痕量气态污染物的有效方法。

粒径大于 10 微米的大气颗粒物在重力作用下靠自身重量而沉降下来，这些颗粒物称为大气降尘。依据陕西省环保厅按季度公布的关于大气降尘的监测数值，大气年降尘量的计算公式为：

$$P_d = \sum_{i=1}^{12} D_i \cdot A / 100 \tag{5-5}$$

式中：P_d——湿地的年降尘量（吨 / 年）；

$\quad\quad i$——不同月份；

$\quad\quad D_i$——不同月份降尘量监测值（吨 / 平方千米）；

$\quad\quad A$——湿地面积（公顷）。

粒径小于等于 10 微米的大气颗粒物（PM_{10}）的干沉降量计算公式如下：

$$P_{PM_{10}} = F \cdot A \cdot T \tag{5-6}$$

式中：$P_{PM_{10}}$——湿地的 PM_{10} 干沉降量（毫克 / 年）；

$\quad\quad F$——PM_{10} 的干沉降通量 [毫克 /（平方米·秒）]；

$\quad\quad A$——湿地面积（公顷）；

$\quad\quad T$——一年的秒数，525600（秒）。

其中，粒径小于等于 10 微米的大气颗粒物（PM_{10}）干沉降通量可以通过如下公式计算（闫涵等，2012）：

$$F = C \cdot V / 100 \tag{5-7}$$

式中：F——PM_{10} 的干沉降通量 [毫克 /（平方米·秒）]；

$\quad\quad C$——PM_{10} 的浓度（毫克 / 立方米）；

$\quad\quad V$——PM_{10} 的干沉降速率（厘米 / 秒）。

张艳等人（2004）研究发现 PM_{10} 在水面为下垫面时的平均沉降速率为 0.45 厘米 / 秒。

$PM_{2.5}$ 的物质量计算公式采用其在 PM_{10} 中所占的比例计算得到。

本次评估中清除大气颗粒物价值量的换算方法参照前文森林生态系统的换算方法，其计算公式为：

$$U = C_{除尘} \cdot P_d \cdot d \cdot 1000 + (P_{PM_{10}} - P_{PM_{2.5}}) \cdot C_{PM_{10}} \cdot d + P_{PM_{2.5}} \cdot C_{PM_{2.5}} \cdot d \tag{5-8}$$

式中：U——湿地清除大气颗粒物的价值量（元 / 年）；

$\quad\quad P_d$——湿地的年降尘量（吨 / 年）；

$\quad\quad C_{除尘}$——大气颗粒物清理费用（元 / 千克）；

$\quad\quad C_{PM_{10}}$——由 PM_{10} 所造成的健康危害经济损失（元 / 千克）；

$C_{PM_{2.5}}$——由 $PM_{2.5}$ 所造成的健康危害经济损失（元／千克）；

$P_{PM_{10}}$——湿地的 PM_{10} 干沉降量（毫克／年）；

$P_{PM_{2.5}}$——湿地的 $PM_{2.5}$ 干沉降量（毫克／年）；

d——贴现率。

四、湿地生态系统服务功能总价值评估

陕西省湿地生态系统服务功能总价值为上述 3 项生态系统价值之和。

其计算公式为：

$$U_I = \sum_{i=1}^{3} U_i \qquad (5\text{-}9)$$

式中：U_I——陕西省湿地生态系统服务年总价值（元／年）；

U_i——陕西省湿地生态系统服务各分项年价值（元／年）。

第二节　陕西省湿地生态系统治污减霾功能评估结果

一、各地级市湿地生态系统治污减霾功能

（一）物质量

陕西省各地级市现存湿地生态系统（资源调查时间截至 2012 年）治污减霾物质量汇总见表 5-1。从中可以看出，陕西省现存湿地生态系统清除大气降尘的物质量为 33.84 万吨／年，

表 5-1　陕西省各地级市湿地治污减霾物质量（吨／年）

地级市	清除大气颗粒物			降解污染物	固碳释氧	
	大气降尘	PM_{10}	$PM_{2.5}$		固碳	释氧
安康	23755.80	2667.58	986.64	—	5277.05	14089.72
汉中	32081.28	3764.50	1392.35	—	7175.73	19159.20
商洛	22819.68	2733.44	1011.00	—	5063.01	13518.24
西安	36255.96	5023.88	1858.15	—	3244.52	8662.87
渭南	89644.80	10935.57	4044.66	—	14407.14	38467.07
咸阳	12834.00	1810.85	669.77	—	2037.43	5439.94
铜川	10967.04	754.18	278.94	—	993.44	2652.50
宝鸡	28125.36	3433.89	1270.07	—	4627.18	12354.58
榆林	55202.40	6587.76	2436.57	—	7669.68	20478.04
延安	26703.60	3106.63	1149.03	—	4053.52	10822.90
合计	338389.92	40818.28	15097.18	—	54548.70	145645.06

清除PM_{10}、$PM_{2.5}$的物质量分别为 4.08 万吨/年和 1.51 万吨/年；固碳总物质量为 5.45 万吨/年，
释氧总物质量为 14.56 万吨/年。

各地级市在各评估指标物质量中所占比例如图 5-2 所示。可以看出，各地级市现存湿地
生态系统在大气降尘、PM_{10}、$PM_{2.5}$ 和固碳、释氧总物质量中所占比例差异显著，且同一地
级市在大气降尘、PM_{10}、$PM_{2.5}$ 和固碳、释氧总物质量中所占比例差异也较大。

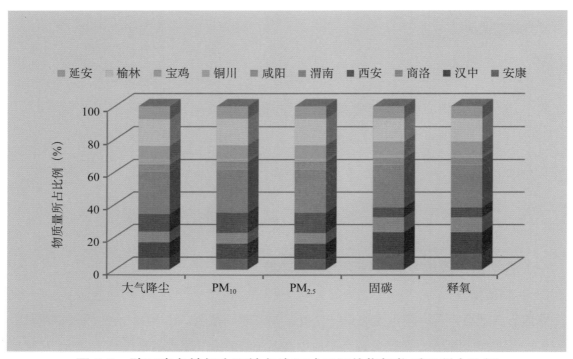

图 5-2　陕西省各地级市湿地各治污减霾评价指标物质量所占比例

在陕西省 10 个市中，渭南市大气降尘、PM_{10}、$PM_{2.5}$ 和固碳、释氧总物质量所占比例
均最高。湿地面积是决定因素，渭南市的湿地面积占全省湿地面积的比重比较大，达到了
26.40%。不同地级市单位面积上的治污减霾物质量各不相同，这主要是由于不同地级市湿
地的类型、微生物群落以及湿地沿岸水生植物情况不同。通过对各湿地类型生态功能分析，
天然湿地（泥炭湿地、河流湿地、湖泊湿地）固碳释氧等功能高于人工湿地。

（二）价值量

陕西省 10 个地级市现存湿地生态系统治污减霾价值量如表 5-2 和图 5-3 所示。可以看
出，陕西省现存湿地不同评估指标价值量差异显著，陕西省现存湿地治污减霾总价值量为
799.25 亿元/年，其中降解污染物的价值量为 79.95 亿元/年，占湿地治污减霾总价值量的
10.01%，清除大气颗粒物占 89.68%，固碳和释氧价值量分别为 0.50 和 2.03 亿元/年，两者

分别占现存湿地治污减霾总价值量的 0.06% 和 0.25%。

这种差异除了与其物质量大小有关外，还与其在治理时所产生的价格有关。各市湿地治污减霾价值量占陕西省现存湿地治污减霾总价值量的比例如图 5-3、图 5-4 所示。从图中可以看出，陕西省 10 个市湿地生态系统降解污染物的价值量存在显著差异，宝鸡市湿地治污减霾价值量所占比例最大，为 26.75%；其次为榆林、西安湿地治污减霾价值量所占比例分布在 10% ~ 20%；渭南湿地治污减霾价值量所占比例最小，仅为 1.85%。这主要与湿地生态系

表 5-2　各地级市湿地治污减霾功能价值量（×10⁴ 元 / 年）

地级市	清除大气颗粒物			降解污染物	固碳释氧		合计
	大气降尘	PM_{10}	$PM_{2.5}$		固碳	释氧	
安康	59.39	8093.44	460279.10	75186.32	484.00	1962.60	546064.85
汉中	80.20	11421.51	649548.38	101982.83	658.14	2668.74	766359.80
商洛	57.05	8293.25	471642.22	71804.23	464.37	1883.00	554144.12
西安	90.64	15242.44	866847.43	47609.33	297.58	1206.68	931294.10
宝鸡	224.11	33178.51	1886883.50	211250.14	1321.39	5358.19	2138215.84
咸阳	32.09	5494.13	312454.75	29918.43	186.87	757.74	348844.01
渭南	27.42	2288.17	130129.90	14568.98	91.12	369.47	147475.06
铜川	70.31	10418.42	592502.15	67901.83	424.40	1720.91	673038.02
榆林	138.01	19987.26	1136688.22	117332.28	703.45	2852.45	1277701.65
延安	66.76	9425.51	536035.07	61918.14	371.78	1507.55	609324.81
合计	845.98	123842.64	7043010.72	799472.51	5003.10	20287.33	7992462.28

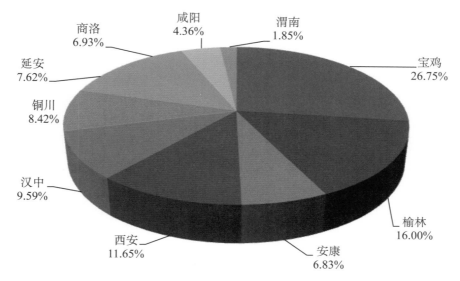

图 5-3　陕西省各地级市湿地治污减霾价值量所占比例

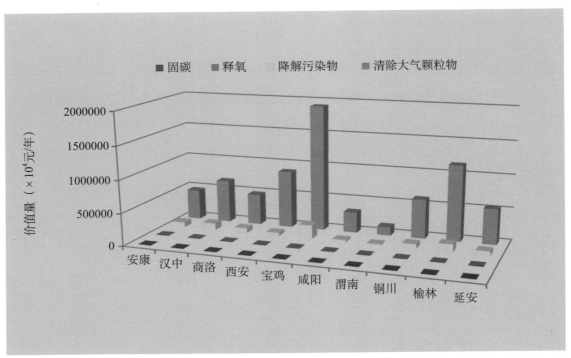

图 5-4　陕西省各地级市湿地治污减霾价值量

统的面积大小密切相关。本次评估中发现，湿地治污减霾物质量的多少与其价值量存在正比例关系，现存湿地生态系统面积最大的渭南市，其治污减霾价值量所占比例也最大。

二、不同湿地类型治污减霾功能

（一）物质量

陕西省不同湿地类型治污减霾物质量如表 5-3 和图 5-5 所示。从中可以看出，不同湿地类型在各治污减霾评价指标物质量中表现出显著差异性。

表 5-3　陕西省不同湿地类型治污减霾功能物质量（吨／年）

地级市	清除大气颗粒物			降解污染物	固碳释氧	
	大气降尘	PM$_{10}$	PM$_{2.5}$		固碳	释氧
河流湿地	280584.24	33774.75	12492.03	—	45901.40	122556.73
湖泊湿地	9698.64	1165.04	430.90	—	1332.25	3557.12
沼泽湿地	11359.92	1370.69	506.97	—	1729.70	4618.30
人工湿地	36747.12	4507.80	1667.27	—	5585.36	14912.91
合计	338389.92	40818.28	15097.17		54548.71	145645.06

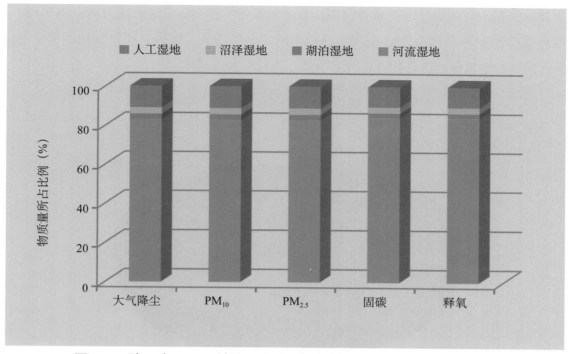

图 5-5　陕西省不同湿地类型各治污减霾评价指标物质量所占比例

首先，由于不同湿地类型的面积分布差异显著，相同地区同类型的湿地面积较大的，总的治污减霾评价物质量也就较大。如湿地面积最大的河流湿地，其大气降尘、清除大气 PM_{10}、$PM_{2.5}$ 和固碳、释氧物质量也表现为最大；而面积最小的湖泊湿地，其清除大气颗粒物、固碳、释氧物质量也表现为最小。其次，不同地区同一类型的湿地，单位面积上的治污减霾能力受其水生植物、微生物群落与当地空气质量以及气候影响。

（二）价值量

不同湿地类型清除大气颗粒物、降解污染物和固碳释氧价值量如表 5-4 所示，可以看出

表 5-4　陕西省不同湿地类型治污减霾功能价值量（$\times 10^4$ 元 / 年）

地级市	清除大气颗粒物			降解污染物	固碳释氧		合计
	大气降尘	PM_{10}	$PM_{2.5}$		固碳	释氧	
河流湿地	701.46	102472.58	5827681.51	669912.69	4209.98	17071.29	6622049.51
湖泊湿地	24.25	3534.73	201022.09	20292.50	122.19	495.48	225491.24
沼泽湿地	28.40	4158.66	236505.72	25755.87	158.64	643.30	267250.59
人工湿地	91.87	13676.68	777801.41	83511.45	512.28	2077.26	877670.95
合计	845.98	123842.65	7043010.73	799472.51	5003.09	20287.33	7992462.29

不同湿地类型治污减霾价值量差异较大，河流湿地的治污减霾总价值量为 662.20 亿元，占陕西湿地治污减霾总价值量的 82.85%（图 5-6）；其次为人工湿地、沼泽湿地和湖泊湿地，其治污减霾价值量分别占总价值量的 10.98%、3.34% 和 2.82%。

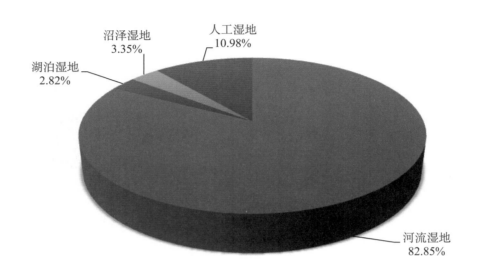

图 5-6　不同湿地类型治污减霾价值量所占比例

第三节　陕西省湿地存在问题与合理利用建议

一、存在的主要问题

长期以来由于人们对湿地（图 5-7 至图 5-10）生态价值认识不足，加上保护管理能力薄弱，陕西省存在湿地面积逐步减少、生态质量逐步降低、生态功能逐步退化的趋势。存在的主要问题有：

（一）水污染严重

随着工农业生产的发展和城市建设的扩大，大量的工业废水、废渣、生活污水和化肥、农药等有害物质被排入湿地。这些有害污染物对地表水、地下水及土壤环境造成了污染，使水质、土壤、环境不断恶化，严重威胁着湿地生物的生存与发展，同时依赖江河、水库供水的大中城镇也深受其害。根据陕西省环境保护局监测资料，目前陕西省渭河、无定河、延河、丹江、汉江、嘉陵江六条主要河流的 40 个监测断面中超过国家《地面水环境质量标准》（GB3838—88）Ⅴ类水质标准的有 15 个断面，占 37.5%。6 条主要河流的综合污染指数在 0.42～5.07 之间，黄河水系污染重于长江水系，而陕西省湿地面积的近 80% 分布在黄河水系。水污染严重影响着湿地植物的生存和发展，部分对污染敏感的植物种类如水车前等，

图 5-7　陕西合阳洽川黄河湿地

数量已愈来愈少，甚至有濒临灭绝的危险，从长远来看将对整个植物群落，乃至生态系统带来非常严重的后果。

（二）水源补给不足

陕西水资源贫乏，水供需矛盾十分突出。以目前水平，全省年总需水量为 112.3 亿立方米，可供水量 91.7 亿立方米，总计缺水 20.6 亿立方米，缺水率 18.3%。缺水已成为制约省域经济社会发展的突出问题。由于水资源缺乏，河道功能退化，湖泊面积缩小。自 1972 年到 2008 年间，黄河下游共有近 20 年发生过断流。我国西北干旱半干旱地区湖泊干涸现象十分严重，部分现存湖泊含盐和矿化度显著升高，咸化趋势明显。红碱淖湿地由于周边地区工业开发无节制的取水，加之其最大的注水河——营盘河被切断，致使水位逐年下降。1999 年以来水位已下降了 3 米多，湖水面积减少了近一半。水位的持续下降，将使湖水碱含量升高，对湖区生物链内的动植物构成威胁，而世界濒危动物遗鸥也有可能因为湖水水位下降失去生存所必需的湖心岛。无计划过量利用水资源以及水源地天然林采伐过度，湿地面积呈减少趋势，湿地景观严重丧失，使生物多样性衰退及污染日益加剧，导致湿地生态功能下降与湿地资源受损，严重威胁着湿地资源的永续利用。

（三）不合理的开发利用

由于基建和城市化建设中的不合理开发，使许多湿地受到严重的干扰与破坏，湿地面积减少，湿地动植物生存环境受到破坏，越来越多的生物物种，特别是珍稀生物失去生存空间而濒危和灭绝，物种多样性减少而使生态系统趋向简化，使系统内部能流和物流中断或不畅，削弱了生态系统自我调控能力，降低了生态系统的稳定性和有序性。如过度捕鱼使部分河流、水库的鱼产量大幅度减少，有的种类难以恢复而面临濒于灭绝；合阳、大荔等县黄河滩涂芦苇荡的大面积开发（造纸等），使曾经广泛分布的芦苇群落到目前仅在部分地段呈零星块状分布，并且导致天然湿地面积正在急剧缩小。部分地区开展的水上旅游活动，由于缺乏有效合理的管理和控制，游客承载量过大，对湿地水资源、湿地植被和湿地鸟类

图 5-8　陕西榆林无定河湿地

的栖息带来不良影响。

（四）黄河流域泥沙淤积严重

黄河是我国泥沙含量最大的河流，也是世界罕见的多沙河流。长期以来，由于自然条件和人类活动影响，黄河上游植被遭到破坏，水土流失严重，河水含沙量增大，泥沙淤积严重，据测定，黄河平均含沙量在 37 千克 / 立方米以上，居世界大河首位。黄河流域窟野河、无定河、延河、泾河、洛河、渭河等河流，多流经黄土高原沟壑区，地形复杂，植被较差，生态环境脆弱，水土流失导致泥沙淤积严重（陕西省第二次湿地资源调查报告，2015）。

二、合理利用建议

（一）加强对现有湿地资源特别是自然湿地资源的抢救性保护

湿地生态系统是全省重要的自然生态资本，但其现状不容乐观，大多湿地人为活动干扰强度较高，湿地资源整体呈现面积逐步减小、生态质量逐步下降、生态功能逐步降低的趋势。加强对如渭河等污染严重的湿地的抢救性治理保护，彻底扭转目前湿地生态环境恶化的不利趋势。

图 5-9　陕西长安灞河湿地

（二）在保护的前提下合理利用湿地资源，处理好湿地资源保护与利用的辩证关系

湿地是自然环境的一个重要组成部分，又是一项重要的自然资源，起着维护生态平衡和发展经济的双重作用。陕西省湿地资源相对较少，要处理好湿地资源保护和开发利用之间的关系，不应把湿地当作一种取之不尽、用之不竭的资源而任意使用。湿地资源为可再生资源，只有加强保护，才能持续开发利用，给人民生活和地方经济发展带来益处，长期造福人类。因此，湿地资源的保护、开发利用是一个有机整体。从陕西省人口、资源和社会发展的现实情况看，单纯强调保护，忽视群众生产生活和地方经济发展的需要，是不可取的；只强调生产生活和经济发展需要，过度开发利用湿地，甚至不惜以破坏湿地为代价追求短期效益更不可取，也将带来更为严重的后果。

图 5-10　陕西商洛丹江湿地

按照《关于特别是作为水禽栖息地的国际重要湿地公约》缔约国建议所指出的，湿地的合理利用应使目前人类可以从中获得持久的最大限度的利益，同时又能保持其满足未来千百代人的需要。因此，保护湿地，充分发挥湿地的生态功能，促进湿地资源的永续利用和持续发展，充分发挥湿地资源对现代化建设的支持作用，是工农业生产持续、稳定发展的需要，也是陕西省实施可持续发展的重要战略之一。湿地开发利用，要在深入调查、全面规划和充分论证的基础上，合理布局，适度开发利用，坚持可持续利用的方针，严格审批手续。杜绝盲目围垦、排干及把湿地视为无用荒地而向其排污等做法，杜绝任何可能造成生态系统不可逆转的方式和项目，或者寄希望于将来用大量财力、物力来重新恢复的破坏性开发活动。

（三）建立湿地资源评价体系，实行湿地效益价值补偿机制

湿地的功能虽然是多方面的，但因其类型、所处自然地理与社会经济条件的不同，其效益和价值具有明显的差异。目前由于对湿地效益的分析评价工作刚刚起步，还缺乏对湿地效益和价值评价指标体系的系统研究，因此，研究制定一套适合我国国情和省情的湿地效益和价值指标评价体系，量化湿地资源价值，并对其实行一定标准的补偿，对湿地资源保护具有重要而深远意义。

第六章
陕西省森林生态系统治污减霾
功能综合影响分析

生态环境与经济社会发展之间是一种相互影响的对立统一的关系。在两者之间人们往往更重视经济社会的发展，而忽略生态环境对人类生活质量的影响，导致经济发展与生态环境之间的矛盾加剧。随着人类生活水平的提高和环保意识的加强，人们在追求经济增长的同时，开始重视生态环境的保护和优化，如何协调经济社会增长与生态环境保护之间的关系成为亟待解决的问题，本章从陕西省森林生态系统治污减霾功能评估结果出发分析其与陕西社会经济的关联性、与区域污染排放源的对称性以及不同区域治污减霾林营造树种选取的科学性等，并对其前景和预期作出展望，分析其社会、经济、生态环境可持续发展所面临的问题，进而为管理者提供科学依据。

第一节　陕西省森林生态系统治污减霾功能与社会经济的关联性

森林生态系统具有固碳、释氧、吸收污染物、吸滞空气颗粒物等一系列的治污减霾功能。这些潜在的功能对人们的生产生活至关重要，同时与人们的社会经济活动关系密切。那么，陕西省森林生态系统治污减霾功能同样与本省乃至全国的社会经济活动有着密切的联系。

陕西省森林生态系统治污减霾功能总价值量为 4592.93 亿元 / 年，相当于 2015 年陕西省 GDP（18171.86 亿元）的 25.28%（陕西省国民经济和社会发展统计公报，2015）。从 2011 年到 2015 年，陕西省用于环境污染治理投资累计达到 1081.40 亿元，相当于陕西省平均投入每年 GDP 的 1.36%（中国环境统计年鉴，2012 ～ 2016）。不难看出，近 5 年的全省环境污染治理投资费用总和不到陕西省森林生态系统治污减霾功能总价值量的 1/4，可见陕西省森林生态系统治污减霾功能的意义重大。

一、陕西省各区域经济发展与环境现状

陕西省进入 21 世纪以来，在注重环境保护的同时，更是不断加速社会经济的发展。因此，各区域的区域经济发展与环境现状主要为：陕北能源重化工产业的发展对煤、石油等矿物能源消耗加速；关中城市群中城镇人口聚集、工业企业发展等带来的污染排放增速过快；陕南矿物资源开采伴生着生态环境破坏加剧。因此，陕西省经济发展对资源，尤其是化石能源及矿产资源的依赖程度较高，伴随着经济的较快发展，生态环境压力也在持续加大，表现为"高投入、高污染、低效率"的传统线性经济发展模式（图 6-1）。

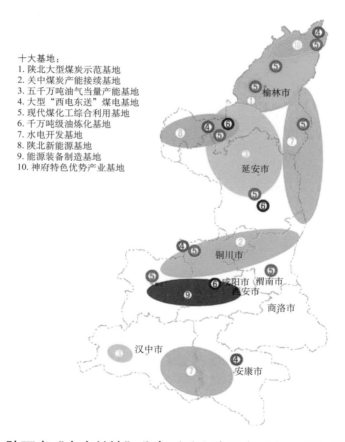

图 6-1　陕西省"十大基地"分布（引自陕西省"十二五"能源发展规划）

发展低碳经济的核心在于掌握低碳技术。目前我们要做的和最值得重视的低碳技术是生物固碳技术，特别是森林生物固碳。据测算，每减排 1 吨碳，工业减排成本约 100 美元，核能、风能等技术减排成本约 70 ~ 100 美元，而采取造林、再造林的生物固碳方式减排，其成本仅为 5 ~ 15 美元。单纯的强调工业减排，就发展低碳经济而言，其定位失之偏颇，不利于经济的发展。工业减排是直接减排，最大的好处是可以取得立竿见影

的效果，最大的弊端是影响经济发展。森林减排是间接减排，最大的好处是既能实现减排，又能美化环境，更不影响经济发展。不论是立足当前还是着眼长远，通过持续造林，加强森林经营和保护，增加和发展森林碳汇，都是陕西省发展低碳经济的务实之举和长远之策。

二、固碳释氧功能与社会经济发展的关联性

陕西省森林生态系统固碳释氧价值量为 122.26 亿元 / 年，相当于陕西省 2015 年 GDP 的 0.67%、全省 2015 年林业总投资额度（114.41 亿元）的 1.07 倍，全省 2015 年煤炭开采和选矿业总投资额（381.0 亿元）（中国统计年鉴，2016）的 32.09%。由此可见，陕西省森林生态系统起到重要的碳汇作用（图 6-2）。

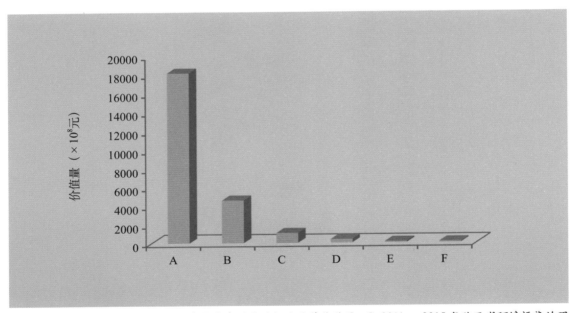

A. 2015 年陕西省 GDP；B. 陕西省森林生态系统治污减霾总价值量；C. 2011 ～ 2015 年陕西省环境污染治理总投资；D. 2015 年陕西省煤炭开采和选矿业总投资；E. 固碳释氧价值量；F. 2015 年陕西省林业总投资

图 6-2　陕西省相关指标经济价值及森林生态系统治污减霾价值

但陕西省森林生态系统固碳释氧空间分布存在差异，呈现秦岭山区＞陕北黄土高原风沙区＞关中平原区现象。在现阶段仍以经济增长为主要工作的前提下，森林固碳功能现状远远满足不了社会经济的迅速增长，根据陕西省统计局发布的"十二五"陕西经济社会发展分析报告，可以看出社会发展水平指数与森林固碳价值量的增长速度成负相关关系，表明人口和经济的发展在一定程度上阻碍了森林固碳释氧功能的增加（陕西省统计局，2015）。

社会发展水平总指数：国家统计局自 1991 年起在全国开展地区间社会发展水平综合评价工作，通过对环境、人口、经济基础、居民生活、劳动就业、社会保障、卫生保健、教育科技、文化体育、社会治安等领域和存量、质量、结构、变动度四个方面各种统计资料的多级综合，统一为一个总指数，综合评估一个地区的社会发展状况。

森林在生长过程中要吸收大量二氧化碳，放出氧气，10 平方米的森林就能把一个人呼吸出的二氧化碳全部吸收，供给所需氧气（图 6-3）。一个人要生存，每天需要吸进 0.8 千克氧气，排出 0.9 千克二氧化碳。对于陕西省森林生态系统释氧功能来讲，其年释氧量（2912.58×10^7 千克）可供陕西省全部人口呼吸 2.63 年。可见，其森林生态系统释氧功能的突出作用。森林作为天然"氧吧"，除了通过光合作用释放氧气之外，还能提供有益人们身体健康的负氧离子。截至 2014 年年底，全省共建立森林公园 84 处，其中国家级森林公园 35 处，省级森林公园 49 处，规划面积 33.10 万公顷。2014 年全省森林公园接待游客 1824 万人次，实现直接收入 7.33 亿元，较 2013 年分别增长了 13% 和 15%（中国林业年鉴，2015）。陕西省森林资源固碳释氧功能的发挥将进一步惠及当地百姓。

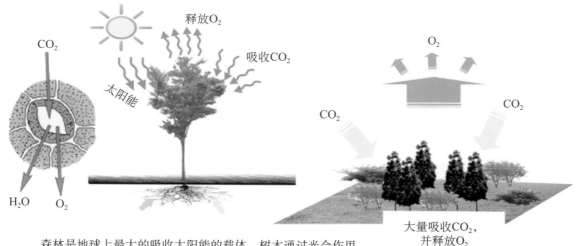

森林是地球上最大的吸收太阳能的载体，树木通过光合作用吸收二氧化碳并转化为氧气与有机物，从而起到固定碳的作用。

图 6-3 森林生态系统固碳释氧作用

三、净化大气环境功能与社会经济发展的关联性

受城市扩张、工业发展、汽车保有量增加的影响，空气颗粒物目前已成为城市空气的首要污染物。而城市森林作为城市生态建设中最大的唯一具有自净功能的生态系统，不仅可为城市高污染环境下的居民提供相对洁净的休闲游憩空间，还对净化空气颗粒物起重要作用。

陕西省森林生态系统净化大气环境价值量为 4064.98 亿元／年，相当于陕西省 2015 GDP 的 22.37%，全省环境污染治理投资总额（240.4 亿元）的 16.91 倍。陕西省森林资源每年吸收污染物总量为 116.43 万吨（图 6-4），能够吸收 2015 年陕西省工业排放二氧化硫、氮氧化物的 1.78 倍和 13.70%，其中吸收二氧化硫 106.76 万吨，所吸收的二氧化硫物质量相当于全国工业排放二氧化硫总量（1974.42 万吨／年）的 5.41%（陕西省统计公报，2015；陕西省统计年鉴，2016；国家统计局，2016；中国环境统计年鉴，2016）。

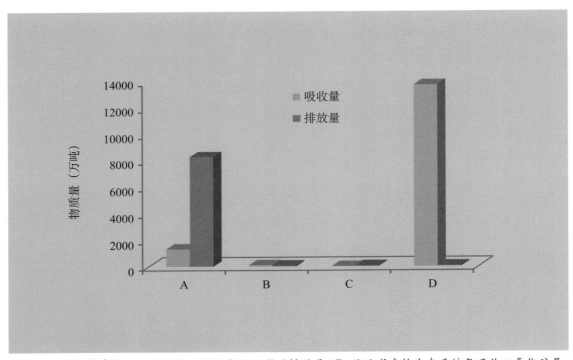

A. 陕西省森林生态系统年固碳量、2015 年陕西省碳排放量；B. 陕西省森林生态系统年吸收二氧化硫量、2015 年陕西省二氧化硫排放量；C. 陕西省森林生态系统年吸收氮氧化物量、2015 年陕西省氮氧化物排放量；D. 陕西省森林生态系统年滞尘量、2015 年陕西省烟（粉）尘排放量

图 6-4　陕西省相关污染排放量及森林生态系统治污减霾物质量

近年来，《关中城市群治污减霾林业三年行动方案》进展顺利，累计完成荒沙治理 20.27 万公顷。关中地区"两个百万亩"建设任务提前超额完成，成效明显，其中，"百万亩森林"完成建设 7.99 万公顷，"百万亩湿地"完成建设任务 8.20 万公顷。在此基础上，

计划从 2016 年开始，利用 5 年时间，实施"森林湿地三千亩"建设项目，新造治污减霾林 86.67 万公顷，实施森林抚育 66.67 万公顷，建设和保护湿地 46.47 万公顷。2015 年陕西省退耕还林工程完成造林 5.51 万公顷，天然林保护工程进一步落实管护责任、健全管理体系，管护效果良好。因此，联系陕西省社会经济发展的现状，注重陕西省森林生态系统所具备的净化大气环境功能，结合相关政策的推行，必定能使得陕西省社会经济发展同生态环境改善同步进行。

四、治污减霾功能及各相关社会经济因素之间的关联度

对陕西省 3 个区域森林治污减霾功能与相关社会经济因素进行灰色关联分析，由图 6-5 可知，陕西省森林治污减霾功能与污染物（二氧化硫、氮氧化物）排放量关联度最高，其次与煤炭开采和选矿业总投资关联度较高。这表明陕西省森林治污减霾功能同区域污染物排放量密切相关，污染物排放量的高低是区域人类社会经济活动频繁程度的最好表征。

综上述可知，陕西省应着重发展低碳经济，充分考虑森林间接减排的特殊重要作用，把林业产业列为低碳产业的重要组成部分，把加快林业发展作为发展低碳经济的重要途径。进而来改善陕西省森林生态系统碳汇与社会经济发展的协调性。

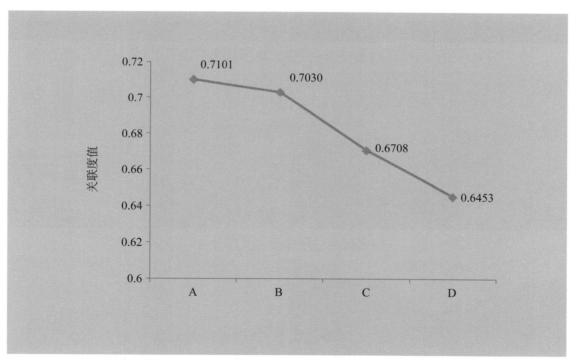

A. 污染物排放量；B. 煤炭开采和选矿业总投资；C. 标准煤消耗量；D. GDP

图 6-5 治污减霾功能及各相关社会经济因素之间的关联度

五、区域林业发展规划与治污减霾功能的吻合度验证

通过比较不同植被恢复模式（乔、灌、草及相互混交）、不同优势树种类型的生态效益，为下一步陕西省治污减霾造林工程营造林的选择和可持续管理提供了依据。陕北黄土高原风沙区主要生态问题是干旱少雨、风大沙多、植被低矮稀疏、土地沙化、水土流失严重。因此该地区造林主要是以恢复植被、防治水土流失和土地沙化为主旨，阻挡地面起尘、滞纳大颗粒物为主，考虑到该地区造林成本高、营造林成活率低，应营造防护林。秦岭山区降雨充沛植被生长条件优越，应在现有基础上，加大林地管理力度，提高林地经营质量。要按照"关中大地园林化、陕北高原大绿化、陕南山地森林化"（图 6-6 至图 6-8）和山水林田湖生命共同体的总体要求，进一步优化配置林业生产力布局，在目前尚不能完全依赖治

图 6-6　关中大地园林化

图 6-7　陕北高原大绿化

图 6-8　陕南山地森林化

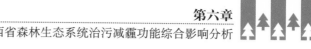

理污染源解决环境问题的情况下，借助自然界的清除机制是缓解城市空气污染压力的有效途径，而植树造林、提高园林城市绿化率是最为有效的途径之一。

第二节　陕西省森林生态系统治污减霾功能与区域污染排放源的对称性

陕西省森林生态系统对于改善陕西省雾霾，酸雨等生态问题具有重要作用，为陕西省提供了生态保障。但是，陕西省森林生态系统治污减霾功能同全省区位上污染排放存在不对称性问题。

一、森林资源空间分布

从陕西省森林资源面积和结构来看，秦岭山区、陕北黄土高原风沙区和关中平原区森林面积分别占全省森林面积的 46.47%、29.91% 和 23.61%；林分蓄积量的空间分布为南部＞北部＞中部；秦岭山区、关中平原区和陕北黄土高原风沙区的中龄林和近熟林面积和分别占各自总面积的 53.65%、45.97% 和 35.67%；此外，全省天然林资源大部分分布在秦岭山区。

秦岭山区，由于人为干扰程度低于北部和中部，其森林资源受到的破坏程度低，区域内森林资源丰富，且类型较多，森林面积在三个区域中相对较高，以发挥水源涵养和生物多样性保护的生态林为主，但林龄主要为中龄林和幼龄林，制约着森林生态服务功能的最大发挥。关中地区由于人类历史活动较早，社会经济活动频繁，工农业生产加上近些年来的城市化加剧，对森林植被的破坏和侵占比较明显，因此该区域森林资源较少，以发挥经济效益的经济林为主，森林生态服务功能较弱。陕北黄土高原风沙区由于地处黄土高原，受到水土条件的限制，加之农牧业对森林植被的长期破坏，因此森林质量较差，以低矮的防风固沙和水土保持灌木林为主，大部分以防风固沙林的形式存在，生态环境较弱，影响了森林生态系统服务功能的正常发挥。所以，森林资源结构的特征才使得秦岭山区在治污减霾功能上高于关中平原区和陕北黄土高原风沙区。

二、污染物排放量空间分布

从陕西省主要工业污染物排放（图 6-9）来看，依据《陕西省统计年鉴 2016》，2015 年陕南秦岭森林植被区工业二氧化硫、氮氧化物排放量分别为 5.39 万吨、2.83 万吨；关中平原区工业二氧化硫、氮氧化物排放量分别为 42.63 万吨、27.50 万吨；陕北黄土高原风沙区工业二氧化硫、氮氧化物排放量分别为 19.39 万吨、15.42 万吨。由此可知，陕西省主要工业污染物排放呈现关中平原区＞陕北黄土高原风沙区＞秦岭山区的空间分布。

图 6-9　大气中主要污染物及来源

三、治污减霾功能空间分布

根据前面章节的核算结果可知，陕南秦岭森林植被区 3 个市（安康市、汉中市、商洛市），关中平原区 5 个市（西安市、渭南市、宝鸡市、咸阳市和铜川市）和陕北黄土高原风沙区 2 个市（延安市和榆林市）的治污减霾功能总价值分别为：2904.80 亿元 / 年、996.14 亿元 / 年和 692.00 亿元 / 年。由此可知，陕西省森林治污减霾功能呈现秦岭山区＞关中平原区＞陕北黄土高原风沙区的空间分布（图 6-10）。

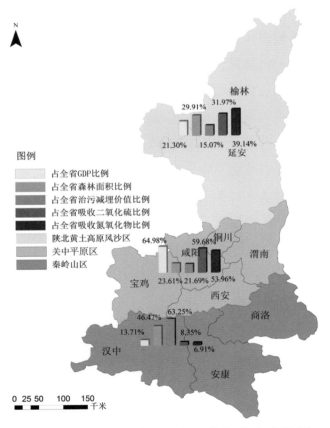

图 6-10　陕西省 3 个区域各项指标占全省比例

四、环境空气质量优良天数空间分布

从全省 10 个地级市环境空气质量优良天数来看，依据《陕西省环境状况公报 2015》2015 年秦岭山区 3 个地级市（安康市、汉中市、商洛市）空气质量为优的天数分别是 69、83、39 天；关中平原区 5 个地级市（西安市、渭南市、宝鸡市、咸阳市和铜川市）空气质量为优的天数分别是 15、22、28、23、24 天；陕北黄土高原风沙区 2 个地级市（延安市和榆林市）空气质量为优的天数分别是 7 和 28 天（表 6-1）。由此可见，秦岭山区空气环境要好于其他两个区域。

表 6-1　2015 年陕西省各地级市环境空气质量类别统计

地级市	优	良	轻度污染	中度污染	重度污染	严重污染	优良天数合计（天）	优良天数比例（%）
西安市	15	236	76	19	18	1	251	68.8
宝鸡市	28	244	59	19	12	3	272	74.5
咸阳市	23	235	66	17	20	4	258	70.7
铜川市	24	245	67	11	16	2	269	73.7
渭南市	22	241	64	18	14	6	263	72.1
延安市	7	275	67	14	2	0	282	77.3
榆林市	28	258	69	10	0	0	286	78.4
汉中市	83	199	49	14	19	1	282	77.3
安康市	69	218	50	14	14	0	287	78.6
商洛市	39	267	46	8	5	0	306	83.8

五、治污减霾功能与区域污染排放源的对称性

由图 6-11 可知，陕西省 3 个区域 GDP、二氧化硫排放量和氮氧化物排放量的分布格局基本一致，大致表现为关中平原区＞陕北黄土高原风沙区＞秦岭山区；而 3 个区域森林治污减霾功能、空气质量优良天数和森林资源面积的分布格局类似，基本上表现为秦岭山区＞陕北黄土高原风沙区＞关中平原区。

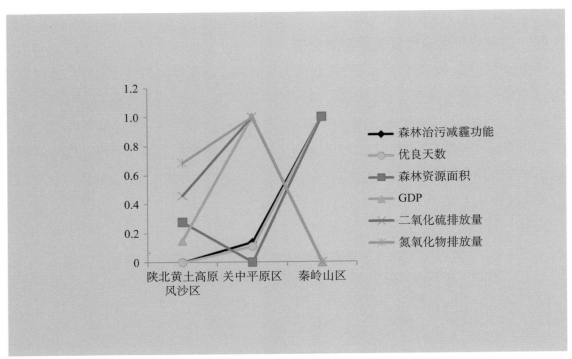

图 6-11 陕西省各区域不同指标标准化后示意

综上所述，陕西省中部关中平原区，人口密度，工业和农业发达，经济活动频繁，污染排放量大，对环境的影响大，而森林资源分布却相对较少，其森林生态系统治污减霾功能相对较弱，森林生态系统治污减霾面临巨大压力。秦岭山区，由于受到地理因素的限制，人类干扰活动较少，社会经济相对较弱，污染排放量小，因此其生态环境所遭受的破坏和污染的程度相对较小，又由于拥有秦岭和大巴山的分布，植被覆盖率较高，且分布有一定量的天然林，森林资源丰富，其森林生态系统治污减霾功能相对较强，森林生态系统治污减霾在面临该区污染排放时压力较小，能明显地起到改善该区生态环境的作用。因此，陕西省森林生态系统治污减霾功能的空间分布格局同各区污染物排放的空间分布格局存在一定的不对称性。

鉴于上述空间分布格局的不对称性，未来陕西省社会经济发展和生态环境建设应该重视这方面的问题。要把生态承载力作为承接产业转移和规范产业发展的重要依据，严格控制关中平原区及地级以上城市主城区人口数量，提高县城和重点镇的人口城市化率，把重点镇建设和避灾扶贫移民有机结合起来，建立能源重化工、矿物开采等行业门槛，执行节能减排目标机制。积极有效实行以"减量化、再利用、再循环"为原则的循环经济政策，调整产业结构、推进技术创新，提高资源利用率，将林业发展着力于生态脆弱区和工业污染严重区域，进而实现陕西省社会经济和生态环境的持续发展。

第三节　陕西省不同区域治污减霾林营造树种（林分）选取的科学性

根据陕西省森林资源清查不难发现，陕西省森林生态系统中主要林分类型排在前几位的分别是阔叶混交林、栎类、其他硬阔类和针阔混交林，此外，经济林和灌木林的资源面积也相当丰富，这些林分类型为陕西省森林治污减霾功能的发挥起到了决定性作用。

一、不同树种滞尘能力

由于树冠形状、叶面积指数、叶龄、叶片面积结构等差异，不同树种在不同林龄阶段单位面滞尘能力显著不同。针叶树种中，柏类各林龄阶段滞纳颗粒物能力均较强，松类次之；阔叶树种中，刺槐、国槐和枫树等滞纳颗粒物能力较强，栎类和桦树滞纳能力较差（王兵等，2015）。造成这种现象的主要原因与不同树种叶片表面结构（绒毛长短、气孔密度、蜡质层、纹理深度和粗糙度）有关（Kajetan等，2011）（图6-12至图6-13）。其中，牛香等（2017）研究得出了陕西关中地区的主要优势树种（组）颗粒物滞纳量，见表6-2。

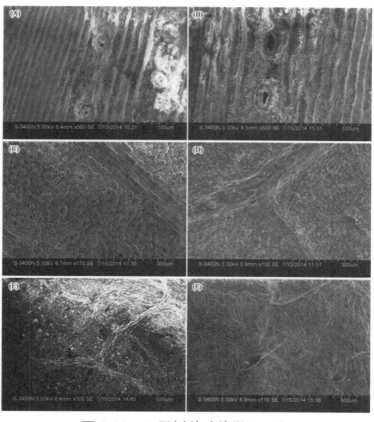

图6-12　不同树种叶片微观形态
A. 油松；B. 白皮松；C. 银杏；D. 杨树；E. 元宝枫；F. 柳树

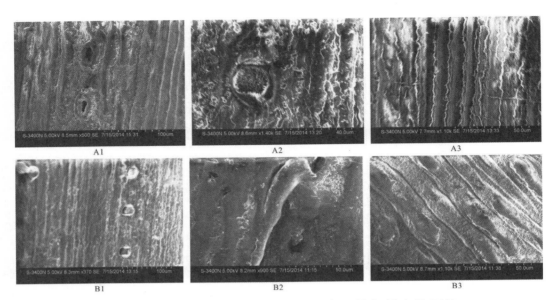

图 6-13　不同类型植物叶表面微形态环境扫描电镜图像
A. 矮紫杉；B. 白皮松；1. 叶表面整体形态，2. 气孔图像，3. 纹理图像图

表 6-2　陕西省关中地区主要优势树种（组）颗粒物滞纳量

优势树种（组）	颗粒物滞纳量[千克/（公顷·年）]		
	TSP	PM$_{10}$	PM$_{2.5}$
柏类	21.24	19.12	5.20
松类	10.46	8.53	1.26
核桃	0.47	0.31	0.02
杨树	2.64	1.21	0.12
刺槐	10.32	6.66	0.83
其他	12.10	9.18	1.52

二、树龄结构

陕西省主要储备森林资源为幼龄林和中龄林，现有森林资源中，幼龄林和中龄林面积比例较大，合计为59.31%。同时，由于缺少抚育管理，相当面积的幼龄林和中龄林林分结构不合理，林木分布不均，长势不强。且由于历史原因，陕西省形成了大面积的低效林，主要表现为树种单一、林冠层单一、林相残败、结构失调、景观效果差。陕西省这种森林结构现状不利于维持森林生态系统的稳定性，并且限制森林生态系统服务功能的充分发挥。

三、树种优化建议

针对关中平原区的基本情况，应大力发展城市森林，实施城市公园建设、绿色通道建设、平原防护林更新改造、植树造林等。城市森林作为城市生态建设中最大的唯一具有自净功能的生态系统，不仅为城市污染环境下的居民提供了相对洁净的休闲游憩空间，而且在治污减霾方面也发挥着独特的生态功能。因此，为了保障关中平原区城市及郊区平原良好的空气环境，需要以乡土树种为主，实施治污减霾营造林工程，大力营造滞纳空气颗粒物和吸收污染物能力强的树种，达到改善生态环境的目的。结合实际情况，推荐关中平原区造林树种主要有：常绿乔木（柏木、油松、樟子松、落叶松等）、落叶乔木（刺槐、榆树、栎类、桦树、杨树等）、灌木（沙地柏、月季类、黄杨等）（表6-3）。

表6-3　陕西省推荐造林树种（林分）

地区	类型	推荐植物
陕北黄土高原风沙区	常绿乔木（2）	柏木、油松
	落叶乔木（3）	刺槐、榆树、栎类
	灌木（9）	柠条、沙棘、怪柳、白刺、白沙蒿、连翘、紫叶李、紫荆、丁香
关中平原区	常绿乔木（4）	柏木、油松、樟子松、落叶松
	落叶乔木（5）	刺槐、榆树、栎类、桦树、杨树
	灌木（3）	沙地柏、月季类、黄杨

针对陕北黄土高原风沙区的现实情况，应种植相对较为耐旱耐瘠薄的本土树种，以防止水土流失和土地沙化，恢复植被。推荐的造林树种有：常绿乔木（柏木、油松等）、落叶乔木（刺槐、榆树、栎类等）、灌木（柠条、沙棘、怪柳、白刺、白沙蒿、连翘、紫叶李、紫荆、丁香等）。

针对陕南秦岭森林植被区，其森林资源面积相对较大，今后的森林管理工作主要是加强森林抚育，针对中幼龄林及早建立抚育长效机制，积极采取中幼龄林培育、补植、间伐、割灌、修枝等抚育措施，保证森林健康生长。适当增加树种多样性，建立结构复杂、系统稳定、生态功能强大的森林生态系统，利用近自然和森林健康经营等科学营林方法促进森林生态服务功能的提升。

第四节　陕西省森林生态系统治污减霾功能前景与展望

一、新常态下森林生态系统治污减霾的机遇

（一）把握生态建设新常态

党的十九大报告中，习近平总书记强调，中国特色社会主义进入新时代，我国社会主要矛盾已经转化为人民日益增长的美好生活需要和不平衡不充分的发展之间的矛盾。我国稳定

解决了十几亿人的温饱问题，总体上实现小康，不久将全面建成小康社会，人民美好生活需要日益广泛，不仅对物质文化生活提出了更高要求，而且在民主、法治、公平、正义、安全、环境等方面的要求日益增长。同时，我国社会生产力水平总体上显著提高，社会生产能力在很多方面进入世界前列，更加突出的问题是发展不平衡不充分，这已经成为满足人民日益增长的美好生活需要的主要制约因素。必须认识到，我国社会主要矛盾的变化是关系全局的历史性变化，对党和国家工作提出了许多新要求。我们要在继续推动发展的基础上，着力解决好发展不平衡不充分问题，大力提升发展质量和效益，更好满足人民在经济、政治、文化、社会、生态等方面日益增长的需要，更好地推动人的全面发展、社会全面进步。

党的十八大报告把生态文明建设放在突出地位，纳入社会主义现代化建设总体布局，进一步强调了生态文明建设的地位和作用。习近平总书记强调："保护生态环境就是保护生产力；改善生态环境就是发展生产力"，"生态兴则文明兴、生态衰则文明衰"。陕西林业建设把握生态建设新常态，用数据来证明"绿水青山就是金山银山"，真正实现森林生态系统服务的"三增长"。以"四个全面""五大理念"和科学发展观为指导，以"三化"战略为总任务，以"增绿、增质、增效"为建设重点，森林、湿地、荒漠全面治理，山水林田湖综合施策，深化改革、创新驱动，追赶超越、绿色发展，为建设山青水净坡绿、生态和谐优美的"大美陕西"和同步够格建成小康社会作出更大贡献。

生态环境的良性循环是社会经济实现可持续发展的基础条件，在东部地区向西部地区产业西移和发展的同时，也必然需要良好的生态环境作保障。"一带一路"战略提出后，中国政府明确表示投资贸易应突出生态文明理念，共建绿色丝绸之路。所以"一带一路"对西部地区生态环境治理是一次崭新的契机，政策的推动、基础设施建设的跟进对西部生态环境实现从"破坏大于治理"到"治理与破坏相持"的历史性转变具有积极的作用（表6-4）。生态环境问题不仅仅存在于中国的西部地区，他是一个世界性的问题，中国西部生态环境的恶化不可避免地会波及周边的国家和地区。新丝绸之路沿线国家是人口较为集中的地区，随着"一带一路"合作的促进（表6-3），在沿线国家共建绿色丝绸之路的同时，陕西省林业经济的发展必将受益，陕西省林业经济的发展又将会促进林业的可持续发展，从而实现林业和林业经济双赢的局面。

对于生态环境的保护，我国政府部门高度重视，加大了我国各级部门对于生态环境保护治理的监督力度。2017年6月，中共中央总书记、国家主席、中央军委主席习近平主持中央全面深化改革工作领导小组会议审议通过并下发了《领导干部自然资源资产离任审计规定（试行）》（以下简称《规定》）。《规定》对领导干部自然资源资产离任审计工作提出具体要求，并发出通知，要求各地区各部门结合实际认真遵照执行（图6-14）。《规定》明确，开展领导干部自然资源资产离任审计，应当坚持依法审计、问题导向、客观求实、鼓励创新、推动改革的原则，主要审计领导干部贯彻执行中央生态文明建设方针政策和决策部署

表6-4　中国各地区在"一带一路"中的定位及作用

地区	定位及作用
新疆维吾尔自治区	深化与中亚、南亚、西亚等国家交流合作，形成丝绸之路经济带上重要的交通枢纽、商贸物流和文化科教中心，打造丝绸之路经济带核心区
甘肃省、宁夏回族自治区、青海省、陕西省	发挥陕西省、甘肃省综合经济文化和宁夏回族自治区、青海省民族人文优势，打造西安内陆型改革开放新高地，加快兰州、西宁开发开放，推进宁夏回族自治区内陆开放型经济试验区建设，形成面向中亚、南亚、西亚国家的通道、商贸物流枢纽、重要产业和人文交流基地
内蒙古自治区、黑龙江省、吉林省、辽宁省、北京市	发挥内蒙古自治区联通俄罗斯、蒙古国的区位优势，完善黑龙江对俄罗斯铁路通道和区域铁路网，以及黑龙江、吉林、辽宁与俄罗斯远东地区陆海联运合作，推进构建北京—莫斯科欧亚高速运输走廊，建设向北开放的重要窗口
广西壮族自治区	发挥广西壮族自治区与东盟国家陆海相邻的独特优势，加快北部湾经济区和珠江—西江经济带开放发展，构建面向东盟区域的国际通道，打造西南、中南地区开放发展新的战略支点，形成21世纪海上丝绸之路与丝绸之路经济带有机衔接的重要门户
云南省	发挥云南省区位优势，推进与周边国家的国际运输通道建设，打造大湄公河次区域经济合作新高地，建设成为面向南亚、东南亚的辐射中心
福建省	建设21世纪海上丝绸之路核心区
沿海重要城市	加强上海、天津、宁波—舟山、广州、深圳、湛江、汕头、青岛、烟台、大连、福州、厦门、泉州、海口、三亚等沿海城市港口建设，强化上海、广州等国际枢纽机场功能

注：引自《推动共建丝绸之路经济带和21世纪海上丝绸之路的愿景与行动》。

图6-14　《领导干部自然资源资产离任审计规定（试行）》示意（来源：新华日报）

情况，遵守自然资源资产管理和生态环境保护法律法规情况，自然资源资产管理和生态环境保护重大决策情况，完成自然资源资产管理和生态环境保护目标情况，履行自然资源资产管理和生态环境保护监督责任情况，组织自然资源资产和生态环境保护相关资金征管用和项目建设运行情况，以及履行其他相关责任情况。

图 6-15　环境有价，损害必赔
（来源：新华社）

　　同时，2017 年 12 月，中共中央办公厅、国务院办公厅印发了《生态环境损害赔偿制度改革方案》，并发出通知，要求各地区各部门结合实际认真贯彻落实（图 6-15）。通过在全国范围内试行生态环境损害赔偿制度，进一步明确生态环境损害赔偿范围、责任主体、索赔主体、损害赔偿解决途径等，形成相应的鉴定评估管理和技术体系、资金保障和运行机制，逐步建立生态环境损害的修复和赔偿制度，加快推进生态文明建设。自 2018 年 1 月 1 日起，在全国试行生态环境损害赔偿制度。到 2020 年，力争在全国范围内初步构建责任明确、途径畅通、技术规范、保障有力、赔偿到位、修复有效的生态环境损害赔偿制度。

　　（二）加强源头管控，推进绿色发展

　　坚持生态优先、环保优先，强化环境宏观政策源头管控，建立环境预防体系，着力推进供给侧结构性改革，进一步强化空间、环评、准入三条红线对开发布局、建设规模和产业转型升级的硬约束，加强宣传教育，积极促进经济结构调整和升级，提高经济发展的生态效率，促进形成人与自然和谐相处的绿色发展格局。

　　（三）坚持工程带动战略，全面协调发展

　　继续坚持大工程带动战略，以大工程为载体，重点突破，全面推进，带动林业发展转型升级。重点实施林业十大工程，分别是：天然林资源保护工程、退耕还林工程、重点防护林建设工程、防沙治沙工程、重点区域绿化工程、森林资源保护工程、国家公园建设工程、森林经营工程、林业产业工程、生态文化工程。以十大林业工程为切入点，全面协调发展，最终形成陕西省"三屏三带"的生态优化格局（图 6-16）。

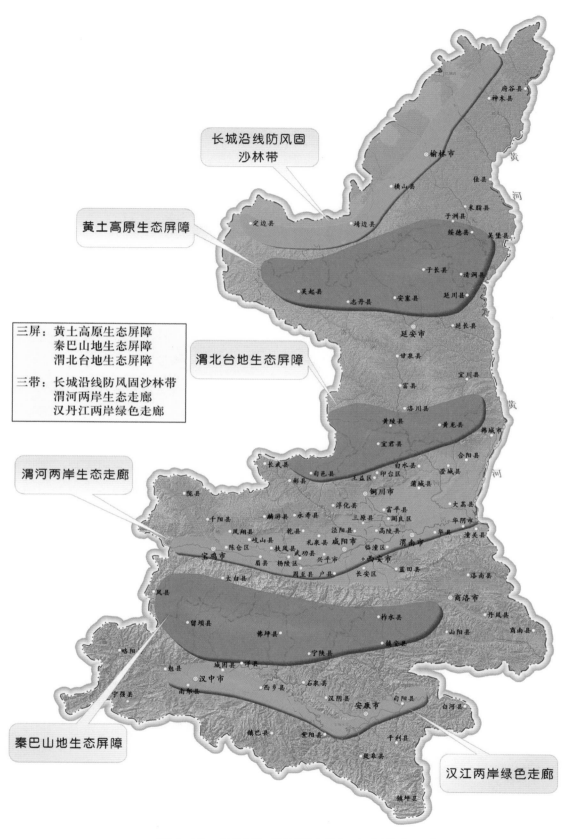

图 6-16　陕西省"三屏三带"生态屏障示意

二、关于提升森林治污减霾功能的建议和措施

（一）提高评估结果准确性

首先，要根据陕西省地域的差异性，区域水热条件不同，进一步加强生态效益监测站点的建设。目前专项监测站点的分布格局以及数量还不能满足实现基于陕西省各市评估体系。应选择具有代表性、重要性、典型性的区域，依据中华人民共和国林业行业标准《森林生态系统定位研究站建设技术要求》（LY/T 1625—2005）建设监测站点，保证陕西省林业治污减霾功能评估的顺利开展，获得越来越多的实测数据，林业治污减霾评估结果的精确性也将越来越高，将会为领导的科学决策与工程的精准管理提供更好的服务。其次，制定科学合理的湿地生态服务评估标准，一切按标准进行，使得到结果更加科学性、合理性。

（二）加大政府对林业建设的投入，扶持林业产业发展

森林不仅发挥着治污减霾的作用，还承担着野生动植物保护、沙漠化的治理，森林生态系统，是优势十分重要的自然资源，也是人类生存发展的基础性资源，由于林业属于公益事业，政府应加大对林业建设的投入，支持林业服务体系建设，森林资源连续清查、森林资源规划调查等，保障公益性事业支出正常增长，加大林业基础设施投入，改善林区发展环境。

（三）经济优势区域应加大生态建设投入

榆林、延安是陕西省能源工业的重要基地，也是陕西省经济最活跃的地区之一，地方财政收入较好。但显著经济效益的取得从某种程度上来说是用较大环境代价换来的，因此政府部门应加大当地生态环境治理和管理资金的投入。

三、陕西林业治污减霾评估的应用前景

（一）为陕西省生态效益定量化补偿提供依据

陕西省森林与湿地生态系统治污减霾功能评估有助于生态补偿制度的实施和利益分配的公平性。坚持谁受益、谁补偿原则，完善对重点生态功能区的生态补偿机制，推动地区间建立横向生态补偿制度（图6-17）。根据"谁受益，谁补偿，谁破坏，谁恢复"的原则，森林与湿地生态系统治污减霾所提供服务较高的地区应该提高生态补偿的力度，以维护公平的利益分配和保护者应有的权益，这样做不仅有利于促进生态保护和生态恢复，而且有利于区域经济的协调发展和贫困问题的解决。

通过治污减霾功能评价可以反映不同植被类型、不同林种类型治污减霾的差异，从而为生态效益定量化补偿提供了依据。另外，应积极地将治污减霾效益纳入地方GDP核算体系，客观公正地评价森林与湿地生态系统治污减霾为该地区经济发展和人民生活水平提高所做出的贡献，准确地反映出生态系统的变化与经济发展对生态效益的影响，全面地凸显

图 6-17　陕西省大气污染治理宣传（引自西安市环境保护局）

林业对地区和国家可持续发展的支撑力，为国家制定生态系统和经济社会可持续发展政策提供重要的科学依据和理论支撑。

（二）为后期森林治污减霾研究提供依据

在今后的研究中，需要量化研究更多树种的滞尘能力，加强研究颗粒物理化性质、组成及叶片的微观结构对颗粒物滞纳能力的影响，同时要结合树种滞纳能力的动态变化情况，根据树种滞留颗粒物能力高低，筛选出研究区域适宜树种，确定研究区域调控空气颗粒物功能的优势树种组合，针对性地挑选易于吸附相应化学物质的植被类型（El-Khatib et al.,2011）。本评估结果将为植树造林等措施治理雾霾，净化环境空气质量等方面提供翔实的数据依据，同时也为城市绿化树种选择和山地森林经营抚育管理提供理论指导。未来防治空气污染、治污减霾的过程还有很长的路要走，不仅需要从源头上控制污染物的排放，还需要加强植树造林，通过绿色植物的生态功能、全民的积极参与和支持，相信雾霾天会在戮力同行中破局。美丽中国也一定会在共同努力中实现。

参考文献

CFERN 生态文明之旅：陕西省政府正式发布《陕西省关中地区林业治污减霾功能评估报告》
http://www.cfern.org/wldt/wldtDisplay.asp?Id=1290

蔡炳华，王兵，等. 2014. 黑龙江省森林与湿地生态系统服务功能研究 [M]. 哈尔滨：东北林业
大学出版社.

董秀凯，管清成，徐丽娜，等. 2017. 吉林省白石山林业局森林生态系统服务功能研究 [M]. 北
京：中国林业出版社.

房瑶瑶，王兵，牛香. 2015. 陕西省关中地区主要造林树种大气颗粒物滞纳特征 [J]. 生态学杂
志，34(6): 1516-1522.

房瑶瑶，王兵，牛香. 2015. 叶片表面粗糙度对颗粒物滞纳能力及洗脱特征的影响 [J]. 水土保
持学报，29(4): 110-115.

房瑶瑶. 2015. 森林调控空气颗粒物功能及其与叶片微观结构关系的研究 [D]. 北京：中国林
业科学研究院.

高翔伟，戴咏梅，韩玉洁，等. 2016. 上海市森林生态连清体系监测布局与网络建设研究 [M].
北京：中国林业出版社.

郭浩，王兵，马向前，等. 2008. 中国油松林生态服务功能评估 [J]. 中国科学 (C 辑), 38(6):
565-572.

郭慧. 2014. 森林生态系统长期定位观测台站布局体系研究 [D]. 北京：中国林业科学研究院.

国家发展与改革委员会能源研究所. 2003. 中国可持续发展能源暨碳排放情景分析 [R].

国家林业局. 2003a. 森林生态系统定位观测指标体系 (LY/T 1606—2003)[S]. 4-9.

国家林业局. 2003b. 森林生态系统定位观测指标体系 (LY/T 1606—2003)[S]. 4-9.

国家林业局. 2005. 森林生态系统定位研究站建设技术要求 (LY/T 1626—2005)[S]. 6-16.

国家林业局. 2007. 干旱半干旱区森林生态系统定位监测指标体系 (LY/T 1688—2007)[S]. 3-9.

国家林业局. 2008a. 国家林业局陆地生态系统定位研究网络中长期发展规划 (2008 ~ 2020 年)
[R]. 62-63.

国家林业局. 2008b, 森林生态系统服务功能评估规范 (LY/T 1721—2008)[S]. 3-6.

国家林业局. 2010a, 森林生态系统定位研究站数据管理规范 (LY/T1872—2010)[S]. 3-6.

国家林业局. 2010b. 森林生态站数字化建设技术规范 (LY/T1873—2010)[S]. 3-7.

国家林业局 . 2013. 退耕还林工程生态效益监测国家报告 [M]. 北京 : 中国林业出版社 .

国家林业局 . 2013-05-08. http://www.forestry.gov.cn/main/102/content-600113.html

国家林业局 . 2014. 中国林业年鉴 2014[M]. 北京 : 中国林业出版社 .

国家林业局 . 2015. 中国林业年鉴 2015[M]. 北京 : 中国林业出版社 .

国家气象中心 . 2012. 降水量等级 (GB/T 28592—2012)[S].

国家统计局 , 2013. 中国统计年鉴 2012[M]. 北京 : 中国统计出版社 .

国家统计局 , 2014. 中国统计年鉴 2013[M]. 北京 : 中国统计出版社 .

国家统计局 , 2015. 中国统计年鉴 2014[M]. 北京 : 中国统计出版社 .

国家统计局 , 2016. 中国统计年鉴 2015[M]. 北京 : 中国统计出版社 .

国家统计局 , 2017. 中国统计年鉴 2016[M]. 北京 : 中国统计出版社 .

国家统计局 , 环境保护部 . 2013. 中国环境统计年鉴 2012[M]. 北京 : 中国统计出版社 .

国家统计局 , 环境保护部 . 2014. 中国环境统计年鉴 2013[M]. 北京 : 中国统计出版社 .

国家统计局 , 环境保护部 . 2015. 中国环境统计年鉴 2014[M]. 北京 : 中国统计出版社 .

国家统计局 , 环境保护部 . 2016. 中国环境统计年鉴 2015[M]. 北京 : 中国统计出版社 .

国家统计局 , 环境保护部 . 2017. 中国环境统计年鉴 2016[M]. 北京 : 中国统计出版社 .

李景全 , 牛香 , 曲国庆 , 等 . 2017. 山东省济南市森林与湿地生态系统服务功能研究 [M]. 北京 : 中国林业出版社 .

李少宁 , 王兵 , 郭浩 , 等 . 2007. 大岗山森林生态系统服务功能及其价值评估 [J]. 中国水土保持科学 , 5(6): 58-64.

聂树人 . 1981. 陕西自然地理 [M]. 西安 : 陕西人民出版社 .

牛香 , 宋庆丰 , 王兵 , 等 . 2013. 黑龙江省森林生态系统服务功能 [J]. 东北林业大学学报 , 41(8): 36-41.

牛香 , 王兵 . 2012. 基于分布式测算方法的福建省森林生态系统服务功能评估 [J]. 中国水土保持科学 , 10(2): 36-43.

牛香 . 2012. 森林生态效益分布式测算及其定量化补偿研究——以广东和辽宁省为例 [D]. 北京 : 北京林业大学 .

牛香 . 2017. 森林治污减霾功能研究——以北京市和陕西关中地区为例 [M]. 北京 : 科学出版社 .

潘勇军 . 2013. 基于生态 GDP 核算的生态文明评价体系构建 [D]. 北京 : 中国林业科学研究院 .

任军 , 宋庆丰 , 山广茂 , 等 . 2016. 黑龙江省森林生态连清与生态系统服务研究 [M]. 北京 : 中国林业出版社 .

陕西省国土资源厅 . 2017. 陕西省国土资源公报 2015[R].

陕西省环保厅 . 2016. 2015 年陕西省环境状况公报 [R].

陕西省林业发展规划办公室 . 2008. 陕西省林业发展规划 [M]. 西安 : 陕西科学技术出版社 .

陕西省林业厅 . 2012. 陕西森林资源 [M]. 西安 : 陕西科学技术出版社 .

陕西省林业厅 . 2016-12-02. http://snly.gov.cn/info/1008/11520.html

陕西省情地貌 . https://wenku.baidu.com/view/1c2b5a6de45c3b3567ec8b69.html

陕西省统计局 . 2016. 陕西省国民经济和社会发展统计公报 2015[R].

陕西省统计局 . 2017. 陕西统计年鉴 2016[M]. 北京 : 中国统计出版社 .

陕西网 . 2017-08-10. http://ak.ishaanxi.com/2017/0810/699429.shtml

宋庆丰 . 2015. 中国近 40 年森林资源变迁动态对生态功能的影响研究 [D]. 北京 : 中国林业科学研究院 .

王兵 , 崔向慧 , 杨锋伟 . 2004. 中国森林生态系统定位研究网络的建设与发展 [J]. 生态学杂志 , 23(4): 84-91.

王兵 , 崔向慧 . 2003. 全球陆地生态系统定位研究网络的发展 [J]. 林业科技管理 , 2: 15-21.

王兵 , 丁访军 . 2010. 森林生态系统长期定位观测标准体系构建 [J]. 北京林业大学学报 , 32(6): 141-145.

王兵 , 宋庆丰 . 2012. 森林生态系统物种多样性保育价值评估方法 [J]. 北京林业大学学报 , 34(2): 157-160.

王兵 , 王晓燕 , 牛香 , 等 . 2015. 北京市常见落叶树种叶片滞纳空气颗粒物功能 [J]. 环境科学 , 36(6): 2005-2009.

王兵 , 张维康 , 牛香 , 等 . 2015. 北京 10 个常绿树种颗粒物吸附能力研究 [J]. 环境科学 , 36(2): 408-414.

王兵 . 2010. 中国森林生态系统服务功能评估 [M]. 北京 : 中国林业出版社 .

夏尚光 , 牛香 , 苏守香 , 等 . 2016. 安徽省森林生态连清与生态系统服务研究 [M]. 北京 : 中国林业出版社 .

新浪陕西 , 2015-10-21, http://sx.sina.com.cn/hanzhong/economy/2015-10-21/140818891.html

杨国亭 , 王兵 , 殷彤 , 等 . 2016. 黑龙江省森林生态连清与生态系统服务研究 [M]. 北京 : 中国林业出版社 .

榆林市林业信息网 . 2015-06-24. http://www.sxylly.gov.cn/show.jsp?article_id=725b2e4cf6724649832a076b54c5b740

张维康 , 王兵 , 牛香 . 2015. 北京不同污染地区园林植物对空气颗粒物的滞纳能力 [J]. 环境科学 , 36(7): 2381-2388.

张维康 , 王兵 , 牛香 . 2016. 北京市常见树种叶片吸滞颗粒物能力时间动态研究 [J]. 环境科学学报 , 36(10): 3840-3847.

张维康 . 2016. 北京市主要绿化树种滞纳空气颗粒物功能研究 [D]. 北京 : 北京林业大学 .

张永利 , 杨锋伟 , 王兵 , 等 . 2010. 中国森林生态系统服务功能研究 [M]. 北京 : 科学出版社 .

中国森林资源核算及纳入绿色 GDP 研究项目组 . 2004. 绿色国民经济框架下的中国森林资源核算研究 [M]. 北京 : 中国林业出版社 .

中国森林资源核算研究项目组 . 2015 . 生态文明制度构建中的中国森林资源核算研究 [M]. 北京 : 中国林业出版社 .

Beckett K P, Freer-Smith P H, Taylor G. 2000a. Particulate pollution capture by urban trees: effect of species and windspeed[J]. Global Change Biology, 6: 995–1003.

Beckett KP, Freer-Smith PH, Taylor G. 2000b. Effective tree species for local air quality management[J]. Journal of Arboriculture, 26: 12-19.

CFERN 生态文明之旅：陕西省政府正式发布《陕西省关中地区林业治污减霾功能评估报告》 http://www.cfern.org/wldt/wldtDisplay.asp?Id=1290

Costanza R, d'Arge R, De Groot R, et al. 1997. The value of the world's ecosystem services and natural capital [J]. Nature, 387(6630): 253-260.

Craft C B. 2007. Freshwater input structures soil properties，vertical accretion，and nutrient accumulation of Georgia and U. S. tidal marshes[J]. Limnology and oceanography, 52(3) : 1220-1230.

Donovan RG. 2003. The development of an urban tree air quality score (UTAQS) and its application in a case study [D]. Lancaster: Department of Environmental Sciences，Lancaster University.

EL-Khatib A A, El-Rahman A M, Elsheikh O M. 2011. Leaf geometric design of urban trees: Potentiality to capture airborne particle pollutants[J]. Jaurnal of Environmental Studies, 7: 49-59.

Fang J Y, Chen A P, Peng C H, et al. 2001. Changes in forest biomass carbon storage in china between 1949 and 1998[J]. Science, 292: 2320-2322.

Liu J G, Li S X, Ouyang Z Y, et al. 2008. Ecological and socioeconomic effects of China's policies for ecosystem services[J]. Proceedings of the National Academy of Sciences, 105: (28), 9477-9482.

MA (Millennium Ecosystem Assessment). 2005. Ecosystem and Human Well-Being: Synthesis[M]. Washington DC: Island Press.

McDonald AG, Bealey WJ, Fowler D. 2007. Quantifying the effect of urban tree planting on concentrations and depositions of PM10 in two UK conurbations[J]. Atmospheric Environment, 41: 8455-8467.

Niu X, Wang B, Liu S R. 2012. Economic assessment of forest ecosystem services in China: characteristic and implications [J]. Ecological Complexity, 11: 1-11.

Niu X, Wang B, Wei W J. 2013. Chinese Forest Ecosystem Research Network: A platform for observing and studying sustainable forestry[J]. Journal of Food, Agriculture & Environment, 11(2): 1008-1016.

Nowak DJ, Crane DE. 2002. Carbon storage and sequestration by urban trees in the USA[J]. Environmental Pollution, 116, 381–389.

Smith L C, MacDonald G M, Velichko A A, et al. 2004. Siberian peatlands a net carbon sink and global methane source since the early Holocene[J]. Science, 303(5656): 353-356.

Wang B, Cui X H, Yang FW. 2004. Chinese Forest Ecosystem Research Network (CFERN) and its development[J]. China E-Publishing, 4: 84-91.

World Health Organization (WHO). 2005. Air quality guidelines for Particulate Matter Ozone Nitrogen Dioxide and Sulfur Dioxide-global update 2005-summary of risk assessment[R].

Xue P P, Wang B, Niu X. 2013. A simplified method for assessing forest health，with application to Chinese fir plantations in Dagang Mountain, Jiangxi, China[J]. Journal of Food, Agriculture & Environment, 11(2): 1232-1238.

Zhang W K, Wang B, Niu X. 2015. Study on the adsorption capacities for airborne particulates of landscape plants in different polluted regions in Beijing (China)[J]. International journal of environmental research and public health, 12(8): 9623-9638.

名词术语

生态系统功能

生态系统的自然过程和组分直接或间接地提供产品和服务的能力，包括生态系统服务功能和非生态系统服务功能。

生态服务

生态系统中可以直接或间接地为人类提供的各种惠益，生态服务建立在生态系统功能的基础之上，森林生态服务特指除木材、林产品外森林所提供的各种服务。

森林治污减霾功能连续观测与定期清查

森林治污减霾体系连续观测与定期清查（简称森林治污减霾生态连清）是以生态地理区划为单位，以国家现有森林生态站为依托，采用长期定位观测技术和分布式测算方法，定期对同一森林的治污减霾功能指标进行重复的连续观测与定期清查，它与森林资源连续清查耦合，用以评价一定时期内森林治污减霾功能及动态变化。

森林生态功能修正系数（FEF-CC）

基于森林生物量决定林分的生态质量这一生态学原理，森林生态功能修正系数是指评估林分生物量和实测林分生物量的比值。反映森林生态服务评估区域森林的生态质量状况，还可通过森林生态功能的变化修正森林生态服务的变化。

价格指数

价格指数反映不同时期一组商品（服务项目）价格水平的变化方向、趋势和程度的经济指标，是经济指数的一种，通常以报告期和基期相对比的相对数来表示。价格指数是研究价格动态变化的一种工具。

雾霾

"雾霾"是对"雾"和"霾"两种天气情况的合称，常发生在高污染环境条件下。"雾"是大气中悬浮的水滴或冰晶的集合体，"雾"出现时，能见度小于 1000 米。"霾"是均匀悬浮于大气中的极细微干尘粒，能令空气混浊，能见度小于 10 千米。由于"雾"和"霾"在特定的气象条件下会相互转化，且通常交替出现，"雾霾"渐渐成为一个常用词汇。雾霾形成与空气中粒径较小的细粒子（PM_{10}、$PM_{2.5}$）有直接关系。

湿沉降

是指通过降水作用降落到地面的大气污染物，沉降量相对集中。湿沉降对于直径小于 2 微米的颗粒物的沉降作用不大。

干沉降

是在没有降水的条件下，大气颗粒物通过湍流输送和重力作用向地面沉降的过程。

大气降尘

指空气环境条件下，由于自身的重力作用自然沉降在集尘缸中的颗粒物，一般粒径大于 10 微米，单位为吨 /（平方千米·月）。

总悬浮颗粒物（TSP）

指环境空气中空气动力学当量直径小于 100 微米的颗粒物。

可吸入颗粒物（PM_{10}）

指环境空气中空气动力学当量直径小于 10 微米的颗粒物，也称可吸入颗粒物。

细颗粒物（$PM_{2.5}$）

指环境空气中空气动力学直径小于 2.5 微米的颗粒物，可以进入人体肺泡。

可入肺颗粒物（$PM_{1.0}$）

指环境空气中空气动力学直径小于 1.0 微米的颗粒物，可进入肺泡血液，在大气中停留时间长，输送距离远。

附　表

表 1　IPCC 推荐使用的木材密度（*D*）（吨／立方米）

气候带	树种组	*D*	气候带	树种组	D
北方生物带、温带	冷杉	0.40	热带	陆均松	0.46
	云杉	0.40		鸡毛松	0.46
	铁杉柏木	0.42		加勒比松	0.48
	落叶松	0.49		楠木	0.64
	其他松类	0.41		花榈木	0.67
	胡桃	0.53		桃花心木	0.51
	栎类	0.58		橡胶	0.53
	桦木	0.51		楝树	0.58
	槭树	0.52		椿树	0.43
	樱桃	0.49		柠檬桉	0.64
	其他硬阔类	0.53		木麻黄	0.83
	椴树	0.43		含笑	0.43
	杨树	0.35		杜英	0.40
	柳树	0.45		猴欢喜	0.53
	其他软阔类	0.41		银合欢	0.64

注：资料引自（IPCC，2003）；木材密度＝干物质重量／鲜材积。

表 2　IPCC 推荐使用的生物量转换因子（*BEF*）

编号	a	b	森林类型	R^2	备注
1	0.46	47.50	冷杉、云杉	0.98	针叶树种
2	1.07	10.24	桦木	0.70	阔叶树种
3	0.74	3.24	木麻黄	0.95	阔叶树种
4	0.40	22.54	杉木	0.95	针叶树种
5	0.61	46.15	柏木	0.96	针叶树种
6	1.15	8.55	栎类	0.98	阔叶树种

(续)

编号	a	b	森林类型	R^2	备注
7	0.89	4.55	桉树	0.80	阔叶树种
8	0.61	33.81	落叶松	0.82	针叶树种
9	1.04	8.06	樟木、楠木、槠、青冈	0.89	阔叶树种
10	0.81	18.47	针阔混交林	0.99	混交树种
11	0.63	91.00	檫树落叶阔叶混交林	0.86	混交树种
12	0.76	8.31	杂木	0.98	阔叶树种
13	0.59	18.74	华山松	0.91	针叶树种
14	0.52	18.22	红松	0.90	针叶树种
15	0.51	1.05	马尾松、云南松	0.92	针叶树种
16	1.09	2.00	樟子松	0.98	针叶树种
17	0.76	5.09	油松	0.96	针叶树种
18	0.52	33.24	其他松林	0.94	针叶树种
19	0.48	30.60	杨树	0.87	阔叶树种
20	0.42	41.33	铁杉、柳杉、油杉	0.89	针叶树种
21	0.80	0.42	热带雨林	0.87	阔叶树种

注：资料引自（Fang 等, 2001）；生物量转换因子计算公式为：$B = aV + b$，其中 B 为单位面积生物量，V 为单位面积蓄积量，a、b 为常数；表中 R^2 为相关系数。

表3　不同树种组单木生物量模型及参数

序号	公式	树种组	建模样本数	模型参数	
				a	b
1	$B/V=a(D^2H)b$	杉木类	50	0.788432	−0.069959
2	$B/V=a(D^2H)b$	马尾松	51	0.343589	0.058413
3	$B/V=a(D^2H)b$	南方阔叶类	54	0.889290	−0.013555
4	$B/V=a(D^2H)b$	红松	23	0.390374	0.017299
5	$B/V=a(D^2H)b$	云冷杉	51	0.844234	−0.060296
6	$B/V=a(D^2H)b$	落叶松	99	1.121615	−0.087122
7	$B/V=a(D^2H)b$	胡桃楸、黄檗	42	0.920996	−0.064294
8	$B/V=a(D^2H)b$	硬阔叶类	51	0.834279	−0.017832
9	$B/V=a(D^2H)b$	软阔叶类	29	0.471235	0.018332

注：资料引自（李海奎和雷渊才，2010）。

表 4 陕西省森林生态系统治污减霾功能评估社会公共数据表（2015 年推荐使用价格）

编号	名称	单位	出处值	2015年价格	来源及依据
1	固碳价格	元/吨	855.40	917.18	采用2013年瑞典碳税价格：136美元/吨二氧化碳，人民币对美元汇率按照2015年平均汇率6.2284计算，贴现至2015年
2	制造氧气价格	元/吨	1000	1392.93	采用中华人民共和国卫生部网站（http://www.nhfpc.gov.cn）2007年春季氧气平均价格（1000元/吨），贴现至2015年价格
3	负离子生产费用	元/10^{18}个	7.29	7.29	根据企业生产的适用范围30平方米（房间高3米），功率为6瓦，负离子浓度1000000个/立方米，价格每个65元的KLD-2000型负离子发生器而推断获得，其中负离子寿命为10分钟；根据陕西省物价局官方网站电网销售电价，居民民生活用电现行价格为0.4983元/千瓦时
4	二氧化硫治理费用	元/千克	1.20	1.20	国家计委等四部委令2003第31号 陕价费转发[2003]43号 陕价费发[2003]58号
5	氟化物治理费用	元/千克	0.60	0.60	
6	氮氧化物治理费用	元/千克	1.20	1.20	
7	降尘清理费用	元/吨	25	25	
8	PM₁₀所造成健康危害经济损失	元/千克	28.30	30.34	根据David等2013年《Modeled PM₂.₅ Removal by Trees in Ten U.S. Cities and Associated Health Effects》中对美国10个城市绿色植被吸附PM₂.₅及对健康价值影响的研究。其中，价值贴现至2015年，人民币对美元汇率按照2015年平均汇率6.2284计算
9	PM₂.₅所造成健康危害经济损失	元/千克	4350.89	4665.12	

附　件　相关媒体报道

北纬 40°小院 如此散发着科学的魅力

$PM_{2.5}$ 究竟是什么？它从哪里来？它会给人类造成怎样的危害？怎样才能有效减少它在空气中的含量？森林如何调控 $PM_{2.5}$ 等颗粒物……在位于北京市西郊的森林环境空气质量检测系统——北京植物园生态站里，科研工作者们正在忙碌着，他们用科研数据告诉人们，"好空气、森林造，坏空气、森林克"。

绿色北京

目前，我国很多涉及森林植被调控 $PM_{2.5}$、释放负离子、区域适宜种植的树种等重点科研项目，都是在植物园生态站这个监测点上孵化孕育出来的。近日，由中国林业科学研究院森林生态环境与保护研究所领衔完成的《森林治污减霾功能研究——以北京市和陕西关中地区为例》项目也是由此站孕育而来。由于科研的盛名，越来越多的人把植物园生态站称为"神仙"小院。

空气污染总是以迅雷不及掩耳之势刷新人们的感官。还没来得及在春光中徜徉，5 月 4 日，北京市气象台便发布了沙尘蓝色预警信号。之后，天安门、鸟巢、央视新大楼、国家大剧院等地标性建筑在沙尘天气的影响下集体"玩消失"。京城小伙伴们的微信朋友圈，也都被"满眼尽是黄金沙"刷屏。

除黄沙之外，频发的雾霾天气也令人头疼不已。研究表明，空气污染严重危害着人类健康，如高浓度空气颗粒物、二氧化硫和氮氧化物等污染物能够引起呼吸系统症状，增加肺部阻塞的危险性。众所周知的洛杉矶光化学烟雾事件，就是由于碳氢化合物和二氧化硫在强烈的紫外线照射下，产生了一种有刺激性的有机化合物所导致。

令人不安的是，我国的环境保护议题已经没有任何退路可言。尤其在经济、社会、政治等多面夹击下，我国的空气污染问题可能比任何发达国家都要棘手。因此，对空气污染带来的新问题进行全面、系统、深入的研究，为解决空气污染问题提供翔实的数据支撑已迫在眉睫。

中国林业科学研究院森林生态环境与保护研究所就是研究问题的先行者，经过该所科研人员的努力，《森林治污减霾功能研究——以北京市和陕西关中地区为例》于今年4月出版。该书以森林环境空气质量监测的数据，科学阐释了林业治污减霾的功能和取得的显著成绩。

5月16日，全国政协副主席罗富和到北京植物园森林环境空气质量监测站调研时，充分肯定了森林生态监测的重要意义以及在森林治污减霾方面取得的相关成果，建议通过森林生态监测研究，大力推进森林康养科学研究，推动森林康养研究和产业的发展。

《森林治污减霾功能研究——以
北京市和陕西关中地区为例》

科研证明，植树造林能治污减霾

不管你急或是不急，沙尘和雾霾终究是来了。不管你愿或是不愿，大幅降低区域工业生产总值的方法终究不容易实现。那么，如何才能在不改变能源结构的情况下，有效治污减霾呢？

中国林业科学研究院森林生态环境与保护研究所首席专家、博士生导师王兵介绍，目前减少空气污染物主要有两条途径，控制污染物排放源和植树造林。相对于减少工厂"三废"排放，改变能源结构等方法，通过森林植被的吸收、滞纳等作用降低空气污染物浓度的方法更具有实操性，成本低、代价小、综合效益高。

早在2012年，《中国绿色时报》记者曾就森林调控$PM_{2.5}$的问题采访过王兵，当时我国林业科技重大创新项目"森林对$PM_{2.5}$等颗粒物的调控功能与技术研究"刚刚启动，那是国际上首次关于森林对$PM_{2.5}$调控的系统研究，他参与其中。

在那次采访中，记者得知，森林可以通过覆盖地表减少$PM_{2.5}$来源，起到减尘作用。叶面可吸附并捕获$PM_{2.5}$，起到滞尘作用。植物表面可吸收和转移$PM_{2.5}$，起到吸尘作用。树木的阻挡可降低风速促进$PM_{2.5}$颗粒沉降，起到降尘作用。林带可改变风场结构阻拦$PM_{2.5}$进入局部区域，起到阻尘作用。

为了使研究结果获得国际认可，王兵和他的团队不断研究并科学设置了监测点的布局和监测方法。被业内称为"神仙"小院的北京植物园生态站就是一处很好的监测点，它孕育了森林氧吧观测的先进技术，特别是量化地回答了森林植被在调控$PM_{2.5}$等颗粒物过程中的重要作用。

林木吸收污染物的过程

森林环境空气质量监测系统

　　植物园生态站主要针对森林环境空气质量进行监测和研究，主要的监测内容包括：林内外不同粒径颗粒物浓度的变化以及理化性质，空气负离子浓度的变化，气态污染物诸如二氧化硫、氮氧化物、臭氧、一氧化碳等浓度的变化，林内外气象要素的变化等。主要的研究内容包括：森林植被对气体污染物的吸收能力，森林降温增湿功能的研究，不同植被类型对不同粒径颗粒物的调控能力，森林氧吧与人类福祉的关系等。在这里，可以实现所有在线监测数据的实时在线传输和质量监控，数据具有科学性和可靠性，为城市森林生态系统改善环境效应提供了基础数据和技术支撑。

　　北京作为首都，是全国政治、经济、文化中心，空气污染曾被人们作为"逃离"北京的首要问题。因此，《森林治污减霾功能研究——以北京市和陕西关中地区为例》项目组将北京作为主战场，进一步细化研究森林的治污减霾功能便显得尤为重要。作为空气质量监测的重要力量，中国林业科学研究院森林生态环境与保护研究所已在北京市按照中心城区（朝阳公园）、近郊园林区（北京植物园）、近郊浅山林区（北京西山国家森林公园）、近郊开发区（北京南海子森林公园）、远郊清洁区（北京松山国家级自然保护区）污染程度的梯度变化，建成 5 个环境空气质量监测站。

　　同时，为探索我国重点产业聚集区的造林绿化现状对空气污染的作用，项目组又选择了陕西关中地区。关中是我国西部唯一的高新技术产业开发带和星火科技产业带，是全国产业布局的重点区域，其大气污染日益严重。因此，选择这两个地区颇具有代表性。研究结果不仅可以为科学指导同类地区植树造林提供数据支撑，更能够充分体现林业在建设和谐社会和小康社会中的突出地位与作用。

监测森林的治污减霾功能，这研究厉害了

森林治污减霾的功能已不必再过多啰嗦。可是，对这项研究比较感兴趣的小伙伴们一定想知道，怎么才能准确测算出一片树叶上滞留的 PM_{10} 和 $PM_{2.5}$ 的重量呢？要知道，这些颗粒物达不到一定数量时，可是看不见摸不着的。

王兵介绍，森林治污减霾功能方法学研究主要有两部分：森林吸收气体污染物的方法学研究和森林滞纳空气颗粒物的方法学研究。前者的研究方法，国内外比较统一，但后者目前还没有统一标准。因此，《森林治污减霾功能研究——以北京市和陕西关中地区为例》项目组重点探讨了森林滞纳空气颗粒物的方法，研究中所采用的森林滞纳空气颗粒物的检测方法均为颗粒物再悬浮法。

颗粒物再悬浮法，是指将叶片表面附着的颗粒物在密闭室内经过强风吹蚀，使其附着的颗粒物从表面脱落重新释放到空气中，在空气中再悬浮形成溶胶，通过测试空气中颗粒物浓度前后变化，结合测试样本的叶面积，推算叶片表面滞纳颗粒物功能的方法。如是，只要检测出密闭空间内颗粒物浓度前后变化，就能测出其滞纳量。它的特点是可以直接定量测定叶片滞纳不同粒径颗粒物的浓度，测量过程不受颗粒物的种类、形状、颜色和化学组成等因素的影响，只与叶片上附着粒子的大小和质量浓度有关。

为了科学测定北京市和陕西关中地区森林治污减霾的效果，项目组通过森林治污减霾功能生态连清体系的构建，采用分布式测算方法，分别在北京市和陕西关中地区建立了2720个和1190个均值化测算研究单位。同时，在满足代表性、全面性、简明性、可操作性及适应性等原则的基础上，选取了9个指标，包括森林提供负氧离子、吸收二氧化碳、吸收氟化物、吸收氮氧化物、固碳、释氧、滞纳总悬浮颗粒物、滞纳可吸入颗粒物、滞纳细颗粒物，对北京市和关中地区森林植被治污减霾功能进行研究。

森林治污减霾功能生态连清体系是一个新名词。王兵解释，这一体系是以生态地理区划为单位，以国家现有森林生态站为依托，采用长期定位观测技术和分布式测算方法，定期对同一森林生态系统生态要素全指标体系进行连续长期观测与清查的技术体系。这项技术以国家森林资源连续清查数据为基础，形成国家森林资源清查综合调查新体系，用以评价一定时期内森林生态系统的质量状况，进一步了解森林生态系统的动向变化。

这一项目之所以在北京和关中分别建立那么多研究单位，就是因为不同植被类型吸滞空气污染物的能力存在差异，且森林消减空气颗粒物的能力还与区域环境、空气颗粒物特

空气颗粒物气溶胶再发生器

性、季节变化等因素有关。

王兵表示，尽管《森林治污减霾功能研究——以北京市和陕西关中地区为例》的出版为相关地区植树造林等治理雾霾、净化空气质量等提供了数据依据，为城市绿化树种选择和山地森林经营抚育提供了理论指导，但全国治污减霾还有很长的路要走。在今后的研究中，还需要量化研究更多树种的滞尘能力，加强研究颗粒物的理化性质、组成及叶片的微观结构对颗粒物滞纳能力的影响。同时，要结合树种滞纳能力的动态变化情况，根据树种滞留颗粒物能力的高低，筛选出研究区域的适宜树种，确定研究区域调控空气颗粒物功能的优势树种组合，有针对性地挑选易于吸附相应化学物质的植被类型，并为政府的大气污染防治行动计划提供科学依据。对此，罗富和在日前的调研中也提出了建设性意见，他建议将北京植物园环境空气质量监测站的仪器设备和建设思想投放到大林区里，通过从目前关注大都市里的小森林到为森林康养提供服务的大林区，将不同型号设备的监测结果进行对比，选取质高价低的设备开展多项环境空气质量指标的监测，最终筛选出除空气负离子指标外的其他主要指标，用实测数据来支撑森林对康养产业的巨大作用。

森林环境空气质量监测场

美国科学家来访

森林可以治污减霾，随便种树不就行了吗

森林治污减霾功能，是指森林生态系统通过吸附、吸收、固定、转化等物理和生化过程，实现对空气颗粒物、气体污染物的消减作用，同时能够提供空气负离子、吸收二氧化碳并释放氧气，从而达到改善区域空气质量的能力。

既然森林可以治污减霾，是不是就可以随便种树了？

答案是否定的。科学研究，不同树种滞纳的颗粒物不同，滞纳量更有着天壤之别。植树造林要坚持生物多样性原则。

以陕西关中地区为例，2010 ～ 2015 年，关中地区的造林工程每年滞纳空气总悬浮颗粒物、PM_{10}、$PM_{2.5}$ 分别为 3622.2 吨、2903.5 吨和 526.1 吨，年吸收二氧化硫、氟化物、氮氧化物分别为 2.34 万吨、313.5 吨和 809.8 吨，年提供负离子 59.54×10^{22} 个，年固碳 23.41 万吨、释氧 40.02 万吨。

截至 2015 年，在不考虑森林砍伐等森林损失的情况下，关中地区这 5 年造林工程治污减霾功能的比例占 3.59% ～ 25.01%，其中新造林颗粒物滞纳功能的贡献显著，$PM_{2.5}$ 滞纳量的比例占 25.57%，尤其是新造林对二氧化硫的年吸收量可以抵消同期关中地区工业二氧化硫的排放量。如果按照每人年耗氧量为 0.292 吨，关中地区森林年释放氧气能够满足 2411.08 万人的年需氧量。

进一步分析得知，就滞纳空气颗粒物而言，年滞纳量最大的是栎类、灌木林和其他软阔类，其滞纳不同粒径空气颗粒物质量占关中地区森林滞纳颗粒物质量的比例范围为 15.17% ～ 35.52%。滞纳量最小的为水杉、铁杉和杉木等其他针叶类，占比不到 0.005%。在提供负离子，吸收污染物、固碳释氧等过程中，栎类、灌木林和其他软阔类也均明显优越于水杉、铁杉和杉木。

同时，通过北京市森林治污减霾功能的研究可知，不同树种在不同树龄阶段单位面积滞尘的能力也明显不同。针叶树种中，柏类和松类各林龄阶段滞纳颗粒物能力均较强。阔叶树种中，刺槐、国槐和枫树等滞纳颗粒物能力较强，栎类和桦树滞纳能力较差。造成这种现象的主要原因与树种叶片表面结构有关，如叶片表面粗糙度、绒毛长短、气孔密度、蜡质层、油脂厚度等。

对于同一个树种，在不同林龄阶段，其滞纳空气颗粒物的能力也存在显著差异。针叶树种滞尘能力为：成熟林和过熟林大于中龄林和近熟林，幼龄林较低。阔叶树的滞尘能力则为：中龄林和近熟林大于成熟林和过熟林，幼龄林较低。

中国林业科学研究院森林生态环境与保护研究所副研究员牛香介绍，北京市阔叶树种多为速生树种，林龄在 10 ～ 20 年时，林分结构和冠层结构达到稳定，即阔叶树种在中龄林、近熟林时，林冠层已郁闭，叶面积指数达到最大，而在成熟林、过熟林时，由于树种

的更新和演替,种间竞争激烈,导致林中出现林窗,树木枯死,多样性指数和叶面积指数下降,致使成熟林、过熟林的滞尘能力下降。幼龄林的滞尘能力较低,主要是由于其树木较小,林冠层还没有郁闭,林间空隙较大,叶面积指数较低所导致。

尽管森林治污减霾的成效有限,不能从根源上解决空气污染的问题,但是在目前尚不能完全依赖治理污染源解决环境问题的情况下,森林对空气污染物的防治已被认为是当下最普遍、最广泛、最有效的手段。

因此,罗富和强调,广大科技工作者还要加强空气相对湿度、氮肥使用、氮氧化物排放与雾霾相关关系的研究,要注意 $PM_{2.5}$ 不是简单的固体颗粒物,是在气溶胶状态上发生电化反应及光化学反应,希望相关科研人员通过森林生态监测研究,为森林康养提供翔实的数据支撑,从而推动森林康养研究和产业的发展。

牛香表示,通过对北京市和陕西关中地区森林治污减霾的测算及研究,能够为两地乃至同类地区的造林规划及树种选择方面提供翔实的数据支撑,为建设天蓝、地绿、水净的家园助力,为人类的健康事业注入新的活力,这就是科学研究的最终目的。

摘自:《中国绿色时报》2017 年 8 月 1 日 A4 版

领导干部自然资源资产离任审计规定（试行）

文件背景

党中央高度重视生态文明建设，党的十八大将其纳入"五位一体"总体布局，把绿色发展作为五大新发展理念之一。习近平总书记多次强调，绿水青山就是金山银山，保护环境就是保护生产力，改善环境就是发展生产力。习近平总书记高度重视生态文明体制改革，对生态文明体制改革制度的四梁八柱作出了部署和要求，这些重大举措能不能落到实处，关键在领导干部，要落实领导干部任期生态文明建设责任制，实行自然资源资产离任审计。

党的十八届三中全会通过的《中共中央关于全面深化改革若干重大问题的决定》，对领导干部自然资源资产离任审计作出明确部署。2015 年中共中央、国务院印发的《生态文明体制改革总体方案》，提出构建起由自然资源资产产权制度等八项制度构成的生态文明制度体系，将领导干部自然资源资产离任审计纳入完善生态文明绩效评价考核和责任追究制度中，并明确要求 2017 年出台规定。这项改革是在习近平总书记亲自关心和领导下推出的。

习近平总书记在党的十九大报告中明确提出，建设生态文明是中华民族永续发展的千年大计，必须坚持节约优先、保护优先、自然恢复为主的方针，牢固树立社会主义生态文明观，推动形成人与自然和谐发展现代化建设新格局。

制定《规定》是贯彻落实党中央关于加快推进生态文明建设要求的具体体现，是党中央关于生态文明建设战略部署的又一重大成果，对于领导干部牢固树立和践行新发展理念，坚持节约资源和保护环境的基本国策，推动形成绿色发展方式和生活方式，促进自然资源资产节约集约利用和生态环境安全，完善生态文明绩效评价考核和责任追究制度，推动领导干部切实履行自然资源资产管理和生态环境保护责任具有十分重要的意义。

规定发布

2017 年 6 月，中共中央总书记、国家主席、中央军委主席习近平主持中央全面深化改革工作领导小组会议审议通过了《领导干部自然资源资产离任审计规定（试行）》（以下简称《规定》）。之后，中共中央办公厅、国务院办公厅印发了文件，《规定》对领导干部自然资源资产离任审计工作提出具体要求，并发出通知，要求各地区各部门结合实际认真遵照执行。

规定解读

《规定》明确，开展领导干部自然资源资产离任审计，应当坚持依法审计、问题导向、客观求实、鼓励创新、推动改革的原则，主要审计领导干部贯彻执行中央生态文明建设方针政策和决策部署情况，遵守自然资源资产管理和生态环境保护法律法规情况，自然资源资产管理和生态环境保护重大决策情况，完成自然资源资产管理和生态环境保护目标情况，履行自然资源资产管理和生态环境保护监督责任情况，组织自然资源资产和生态环境保护相关资金征管用和项目建设运行情况，以及履行其他相关责任情况。

《规定》强调，审计机关应当根据被审计领导干部任职期间所在地区或者主管业务领域自然资源资产管理和生态环境保护情况，结合审计结果，对被审计领导干部任职期间自然资源资产管理和生态环境保护情况变化产生的原因进行综合分析，客观评价被审计领导干部履行自然资源资产管理和生态环境保护责任情况。

《规定》要求，被审计领导干部及其所在地区、部门（单位），对审计发现的问题应当及时整改。国务院及地方各级政府负有自然资源资产管理和生态环境保护职责的工作部门应当加强部门联动，尽快建立自然资源资产数据共享平台，并向审计机关开放，为审计提供专业支持和制度保障，支持、配合审计机关开展审计。县以上地方各级党委和政府应当加强对本地区领导干部自然资源资产离任审计工作的领导，及时听取本级审计机关的审计工作情况汇报并接受、配合上级审计机关审计。

文件重点

领导干部自然资源资产离任审计内容主要包括：贯彻执行中央生态文明建设方针政策和决策部署情况，遵守自然资源资产管理和生态环境保护法律法规情况，自然资源资产管理和生态环境保护重大决策情况，完成自然资源资产管理和生态环境保护目标情况，履行自然资源资产管理和生态环境保护监督责任情况，组织自然资源资产和生态环境保护相关资金征管用和项目建设运行情况，履行其他相关责任情况。

审计机关应当充分考虑被审计领导干部所在地区的主体功能定位、自然资源资产禀赋特点、资源环境承载能力等，针对不同类别自然资源资产和重要生态环境保护事项，分别确定审计内容，突出审计重点。

贯彻落实

审计署及各级审计机关要全面深入学习贯彻党的十九大精神，用习近平新时代中国特色社会主义思想武装头脑、指导实践，推动领导干部自然资源资产离任审计工作深入发展。

《规定》为开展领导干部自然资源资产离任审计指明了方向、明确了目标。各级审计机关要凝心聚力抓好贯彻落实，确保各项要求落地见效，促进领导干部牢固树立绿色发展理念和正确政绩观，认真履行自然资源资产管理和生态环境保护责任，推动解决自然资源资产和生态环境领域突出问题，切实维护生态环境安全和人民群众利益。

审计署将加强组织领导，对各级审计机关深入开展领导干部自然资源资产离任审计提出具体要求，并加强督促检查落实，有效发挥审计在党和国家监督体系中的重要作用。

各级审计机关在领导干部自然资源资产离任审计实践中，要树立大数据审计理念，推进"总体分析、发现疑点、分散核实、系统研究"的数字化审计方式，加大自然资源资产和生态环境领域地理信息数据和相关业务、财务等数据收集、挖掘和分析力度，进一步推进资源环境审计信息化建设，提升大数据审计工作水平，提高审计工作质量和效率。

各级审计机关将继续加强与涉及自然资源资产管理和生态环境保护相关业务主管部门的协调，推进建立自然资源资产数据共享平台，加大审计结果运用，形成监督合力，在推动生态文明建设和绿色发展中发挥积极作用。

实践基础

2015 年以来，按照党中央、国务院决策部署和《中共中央办公厅、国务院办公厅关于印发〈开展领导干部自然资源资产离任审计试点方案〉的通知》要求，审计署围绕建立规范的领导干部自然资源资产离任审计制度，坚持边试点、边探索、边总结、边完善。2015 年在湖南省娄底市实施了领导干部自然资源资产离任审计试点；2016 年组织在河北省、内蒙古呼伦贝尔市等 40 个地区开展了审计试点；2017 年上半年又组织对山西等 9 省（市）党委和政府主要领导干部进行了审计试点。审计试点连续围绕"审什么、怎么审、如何进行评价"进行了积极探索和经验总结，截至 2017 年 10 月，全国审计机关共实施审计试点项目 827 个，涉及被审计领导干部 1210 人。审计试点坚持"问题导向"，重点探索揭示自然资源资产管理和生态环境保护中存在的突出问题，并积极探索符合实际的有效组织形式，形成了可推广可复制的经验做法，为起草《规定》提供了坚实的实践积累。

"中国森林生态系统连续观测与清查及绿色核算"
系列丛书目录